天地探知

上帝的骰子

量子物理趣畫

羅金海 著

張軒中 審校

目　錄

量子力學的前夜

在開始讀量子力學之前，我們先了解一下「不自量力」這個詞。

---

bù zì liàng lì

不自量力

釋義：不能正確估計自己
的力量。

其實，我在這裏想說的是：**不要自學量子力學。**

* 量子力學：quantum mechanics，也稱 quantum physics 或
quantum theory

雖然費曼先生説過:「沒有人真正了解量子力學。」
不過,可別被「不自量力」給嚇到了。

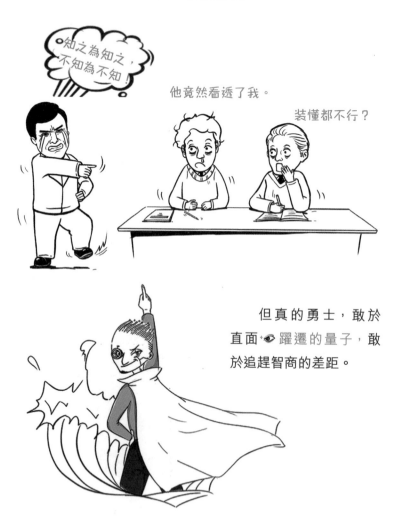

他竟然看透了我。

裝懂都不行?

但真的勇士,敢於
直面 👁 躍遷的量子,敢
於追趕智商的差距。

* 費曼:Richard Phillips Feynman （1918-1988)

上帝的骰子
量子物理趣畫

留下來的，量子君給你點個**讚**！

但是，為甚麼要了解**量子力學**呢？

因為它是現代科學的基石，現代工業體系有 50% 與量子力學有關。

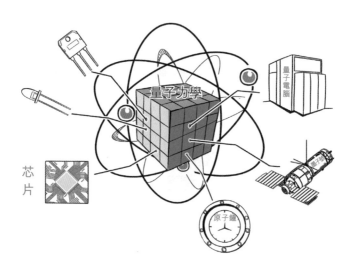

雖然沒有辦法直接體驗它，但它又確實是最有用的理論。

沒有量子力學，就不會有激光、手機、電腦、衛星導航；
沒有量子力學，也不會有電子顯微鏡、原子鐘、核磁共振……
沒有量子力學，更不會有量子計算、量子通訊。

中學時我們就學過 牛頓三定律。

牛頓第一定律即慣性定律：不受外力的物體將在慣性系中保持靜止或勻速直線運動的狀態不變。

接着，他又給出第二定律，説明力、質量和運動之間的定量關係：物體的加速度與它所受的外力成正比，與它的質量成反比。

牛頓第三定律則指出：兩個物體間的作用力和反作用力大小相等，方向相反，作用在一條直線上。

說得通俗一點就是，**牛一定律**說：所有的物體都很懶，都想活在舒適區！

牛二定律說：想加速前進，你就得多用點力！

牛三定律説：一個巴掌拍不響，兩個巴掌呱呱響。

　　也就是説，牛一定律説明了力是改變物體運動狀態的原因；牛二定律指出了力使物體獲得加速度；牛三定律揭示了力是物體間的相互作用。

除了牛頓三定律，再加一個萬有引力定律。牛頓完成了經典力學架構，統一了萬物運行背後的道理。

這簡直太好懂，完全無障二但是，在今天的人們看起來非常簡單的牛頓力學，卻是二千多年來科學家們的智慧結晶。

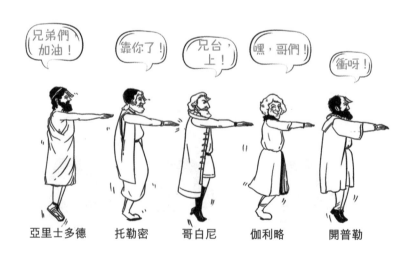

上帝的骰子
量子物理趣畫

在牛頓建立宏觀力學之前，人類尊崇鬼神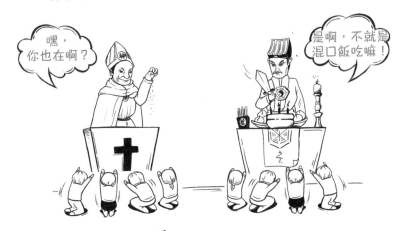之學。

神學家、占卜家、星相學家、巫祝等都是搶手貨。

不要說目不識丁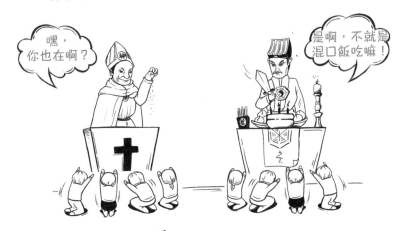的小老百姓，就連接受過高等教育的帝王也在**「不問蒼生問鬼神」**。

* 牛頓：Isaac Newton （1643.1-1727）
宏觀力學：macroscopic mechanics

誰最會裝神弄鬼糊弄人，誰就能成為一方教主……

上帝實在是看不下去了：再這樣下去，我的位置都保不住了。

上帝的骰子
量子物理趣畫

天不生牛頓，萬古如長夜：讓牛頓誕生吧！

就這樣，天之驕子牛爵爺誕生，開始了他二百餘年的科學界統治。

一大批高質素粉絲蜂擁而至，牛爵爺總結的定律太厲害！

大夥兒都相信牛頓定律就是宇宙的終極真理，宏觀世界很快熱鬧了起來。

* 牛頓於 1706 年受英國安娜女王封爵

科學家們真幹實幹加巧幹，一直幹到 20 世紀，終於建成了一座宏觀物理學大廈。

經典力學、熱力學、光學、電磁學等在大廈裏各司其職。

1900 年，物理學界的「大巫」開爾文勳爵也露出了老父親般欣慰的笑容，他躊躇滿志地宣佈：

* 開爾文勳爵：Lord Kelvin (1824-1907)

上帝的骰子
量子物理趣畫

這下好了，科學大廈都建好了，科學家似乎也沒甚麼好幹的了。叫你們沒日沒夜地追求真理，現在都要失業了吧。

眼看科研經費一年比一年少，前途一片黯淡。這時，哥本哈根學派的一幫年輕科學家開始翻桌。

* 哥本哈根學派是由玻爾與海森伯於 1927 年
在丹麥哥本哈根所創立。

這群科學家嚷嚷着：必須得自謀生路了，這樣下去都得去搬磚了。

宏觀世界是沒甚麼活兒可以幹了，但是還有微觀世界啊！

牛頓力學只適用於宏觀世界，可一旦深入微觀世界，比如原子級別，這套理論就完全迷失了方向。

於是，這幫年輕科學家轉戰微觀世界。終於不用擔心失業了，他們激動地歡呼：牛頓力學主宰宏觀世界，量子力學主宰微觀世界！

微觀世界我做主

這個世界，讓薛定諤的貓管理邊界，大家井水不犯河水，各自忽悠經費。

喵喵喵……

* 薛定諤的貓：Schrödinger's Cat（也有譯為薛丁格貓），是奧地利物理學者薛定諤於 1935 年提出的一個思想實驗。

那量子力學到底是怎樣誕生的呢？

這就說來話長了……

人類在研究光的過程中偶然邂逅了無辜的量子。因此我們的故事得追溯到一個古老的問題——**光是甚麼**？

喔囉！

那麼，光究竟是甚麼呢？
是粒子？還是波？

第一卷

從光的本質説起

誰能想到，
人類會在與光的較勁中發現量子。

有人曾經説過，
越是簡單的事物，本質就越複雜！

這是一個漫長的故事，
讓我們先從光的本質説起——

光的本質

很久很久以前，人類祖宗的祖宗就
在思考：這世界到底是由甚麼構成的？

腦洞最大的是古希臘哲學家，他們的思考力超過了全球
99.99% 人類。

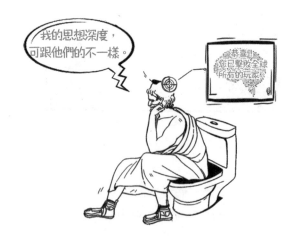

不僅如此，他們的動手能力也相當強──

找到世界的**本質**很簡單：把一塊石頭敲碎，再把最小塊敲碎，再把最最小塊敲碎……

敲敲敲，一直敲下去。

最後敲不碎的，就是──**「原子」**。

* 原子：atom，是元素能保持其化學性質的最小單位。

一錘在手！　　　　　　　　　天下我有！

敲塊石頭，古希臘人就敲出了「世界由原子構成」的理論？看來，這世界沒有甚麼可以阻擋古希臘人前進的步伐了。

如果有，那就是光了。那麼，光是由甚麼構成的？

可是……你再厲害，用錘子去砸砸光試試？看能不能砸個「光子」出來。

NO！NO NO！

* 光子：photon

上帝的骰子
量子物理趣畫

只聽說過司馬光砸缸，
可沒聽說過司馬缸砸光啊。

所以，這些智商過剩的人類，就開始研究光了。

古希臘哲人再一次展
示出他們驚人的物理直覺：
光由一粒一粒非常小的**光
原子**所組成。

* 微粒說：corpuscular theory

古印度人不服氣：你們瞎編的，我怎麼只看到一條線？

古埃及人表示贊同：我看到的也是一條線。

古希臘人點點頭：嗯，普通人看到的光是一條線，**天才**看到的光是一粒一粒的。

古巴比倫人剛打算開口反對——聽完這話，還是閉嘴吧……

古印度人一臉執拗，

古希臘人再罵：

還不服？

那你們搞個新理論出來——

古印度人嚇得一哆嗦，再也不敢説話。

上帝的骰子
量子物理趣畫

就這樣，**微粒説**一直統治着上古科學界。直到 17 世紀初，它才迎來宿敵——波動説。

它率先由失戀的數學教授格里馬第提出，這個失戀的男人躲在小黑屋裏瘋狂地做實驗。

讓一束光穿過兩個小孔後，他彷彿看到舊情人眼裏水波的流動。一瞬間他頓悟了，這不正是一種**衍射現象**嗎？

* 波動説：fluctuation theory
  格里馬第：Francesco Maria Grimaldi (1618-1663)，意大利數學家和物理學家。

最後，他哭鬧着向全世界宣佈：光是一種波。

不得不說，失戀的人最會找事兒了。

就這樣，波動說與微粒說開啟了長達三百多年的戰爭。

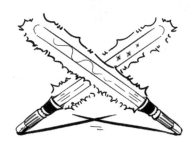

1663 年左右，英國科學家胡克加入波動學說的陣營中。

一開始波動派挺高興，總算盼來一位**猛將**。

熱烈歡迎！ 熱烈歡迎！

* 胡克：Robert Hooke (1635-1703)，英國博物學家。

誰知道，胡克同時也招來了一位瘟神——

一向視胡克為死對頭的牛頓發話了：既然你胡克支持波動說，那——

雖說敵人的朋友就是敵人，但牛爵爺你這樣任性——

1672 年，牛頓發佈光的色散實驗，矛頭直指波動說要害。

行家一出手，就知有沒有。形勢不妙，另一位波動說大將惠更斯急得直跳腳：牛頓你實驗搞錯了！

* 惠更斯：Christiaan Huygens (1629-1695)，荷蘭物理學家、天文學家和數學家。
  以太：æther 或 ether

　　牛爵爺何曾這樣受過別人的質疑，在惠更斯和胡克相繼去世後，1704 年，他發大招出版《光學》一書。並在序言中寫下：「為了避免對這些論點的無謂爭論，我推遲了這部書的公開發行。」波動說陣營群龍無首，無人應戰。

　　就這樣，牛頓帶着微粒說**威震四方**，成為當時無人能及的一代科學巨匠。

　　整整一個世紀，幾乎無人敢向牛爵爺與微粒說挑戰。

直到一個世紀後——才有一位少年天才敢站到牛頓的對立面，為波動説站台。

這個公然向牛頓與微粒説發起挑戰的天才是誰？
是他，是他，就是他！我們的朋友——托馬斯·楊。

* 托馬斯·楊：Thomas Young (1773-1829)，英國科學家。

上帝的骰子
量子物理趣畫

楊到底有多**天才**？

2 歲讀書，4 歲寫詩，6 歲誦《聖經》，9 歲造車。

16 歲時，他已經能夠説拉丁語、希臘語、法語和意大利語等 10 種語言。

而這個年齡的我們在幹甚麼？

玩兒泥巴？捉泥鰍？還是跟小夥伴打架？

1807 年，把力學、數學、光學、語言學、考古學等都玩了一遍之後，天才楊環顧天下無敵手，頗感高手寂寞。

看來只能向牛爵爺發起挑戰了。

於是，楊開始準備雙縫干涉實驗。

還— 有— 誰—

作為物理學五大經典實驗之一，在一個月黑風高之夜，天才楊開始了表演：他點燃了一枝蠟燭。

人比人氣死人，同樣是點一枝蠟燭，我們只會唱那首跑調的——

呼——

"Happy birthday to you!"

* 雙縫干涉實驗：double-slit experiment

人家楊卻直接點燃了量子革命的火種，留下了一條歷史性的干涉條紋……

這一招「雙縫干涉」，殺傷力之強大驚動了整個微粒學說軍團！

為了捍衛牛頓派的權威，牛頓粉絲天團輪番上陣。

1808 年，牛頓的忠實粉拉普拉斯揮舞着 **「折射光劍」**，衝了上來；1809 年，最靚馬仔馬呂斯也扛着 **「偏振狼牙棒」**，偷襲天才楊⋯⋯

可不得不說，天才楊也不是浪得虛名之輩。

他使出了姑蘇慕容家的「以彼之道，還施彼身」的絕招。

1817 年，楊按照微粒派的反對意見，提出橫波假說，成功解釋了偏振現象。

---

* 拉普拉斯：Pierre-Simon marquis de Laplace（1749-1827），法國天文學家和數學家。

馬呂斯：Étienne Louis Malus (1775-1812)，法國物理學家和數學家。

微粒派一看，我方智力不夠，需要號召更多力量！
1818 年，微粒派發動徵文 。

大家一起來！用你們的
聰明才智解釋光的運動，一
定要打敗天才楊！

怎麼沒寫
賞金？

戲劇性的一幕來了——
1819 年，沒有認真審題的菲涅爾提交了一篇論文。

噢的一下——

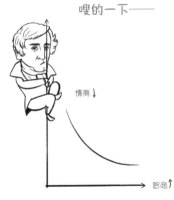

這個智商和情商成**反
比**的工程師，以數學推理，
完美解釋了光的衍射問題。

* 菲涅爾：Augustin-Jean Fresnel（1788-1827），法國物理學家。

他不但沒有為微粒說推波助瀾，反而說

菲涅爾！你是天才楊派來的臥底嗎？不想要賞金了？

搬起石頭砸了自己的腳，微粒派想哭。這是致命的一擊，微粒派表示，這次徵文賞金不發了！

大型打臉現場

菲涅爾傻了：我改還不行嗎？我沒看清楚題目。

吃了菲涅爾一記烏龍悶棍，微粒派受了嚴重內傷，丟了半條小命。剩下半條命，卻折在了麥克斯韋手裏。

這個小時候綽號「十萬個為甚麼」的傢伙，一不小心計算出電磁波的速度是接近 300 000 千米 / 秒。

而這個速度，竟然幾乎和光速一致！

光就是波，波就是光 ！

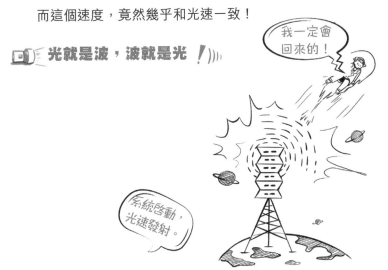

*麥克斯韋：James Clerk Maxwell （1831-1879），
蘇格蘭數學家和物理學家。

微粒派完敗！ 至此，波動說強勢歸來。微粒說奄奄一息，毫無還手之力。

可是，故事並沒有完全結束！

loading……

還沒來得及驗證自己的理論，麥克斯韋 48 歲就被上帝叫去**打橋牌**了……

不愛運動的科學家不是好科學家。要知道——
你們的大腦，那可是全人類的，不是你們自己的。

要小心哪～

好在麥克斯韋泉下有知，後繼有人。他有一個隔代相傳的弟子。這個弟子驗證了光是電磁波的一種。他就是**赫茲**。

赫茲將一把電磁利刃，插在了微粒説的心臟上。

第二次波粒戰爭最終以微粒説的奄奄一息而告終。

而麥克斯韋的這個弟子，到底是怎樣將微粒説斬草除根的呢？

未完待續……

（小劇場・天堂）

（完）

第二卷

舊量子論的奠基

前面我們説到，
麥克斯韋預言光是電磁波的一種，
邁出了**史詩級的一步** 。

可這預言是對是錯，終究得有個人來給它證明。
這個人，就是麥克斯韋的弟子—— 赫茲。

> 原來你就是
> 傳説中的那個頻率符號。

> 你好，我是赫茲。

* 赫茲：Heinrich Hertz（1857-1894），德國物理學家。

1887 年，赫茲通過一個高頻震盪迴路，證明了電磁波的存在。

這個實驗確認了光的波動性。電磁理論的一體化，標誌着經典物理達到了 **頂峰**。

自此，經典物理帝國迎來了全盛時代。

月盈則缺，盛極至衰。

經典物理帝國因為這個實驗而更榮耀，卻也由此埋下了禍根。

揭示電磁波存在的同時，赫茲的實驗還出現了一個奇怪的現象：**光電效應**。

上帝的骰子
量子物理趣畫

甚麼是光電效應？就是在高於某頻率的電磁波的照射下，某些物質的電子會被光子激發出來，從而形成電流，即光生電。

光能轉化成電能，物質的電性質由此發生變化……

光電效應

當某一光子照射到對光靈敏的物質上時，它的能量可以被該物質中的某個電子全部吸收。電子吸收光子的能量後，動能立刻增加，如果動能增大到足以克服原子核對它的引力，就能在十億分之一秒的時間內飛逸出金屬表面，成為光電子，形成光電流！！！

反正就是特別稀奇的一種物理現象。

宏觀世界的理論無法解釋光電效應，後來我們才知道：光電效應的背後，是科學家要研究的新方向。那是一個人類一直不曾進入的世界——**微觀量子世界**。

在光電效應閃耀的藍色電花中，「**量子魔王**」呼之欲出。

這個世界很快就要出現翻天覆地的變化了。

一場物理學界的颶風即將到來。

將宏觀力學過渡到量子力學的舊量子論蓄勢待發。

普朗克、愛因斯坦和玻爾這三位奠基者，也馬上要登場了。

首先扇動翅膀、捲起颶風的這隻蝴蝶，是一個毫無魅力的老派紳士。

他的名字叫普朗克，除了彈鋼琴之外，他甚麼情趣都沒有。

* 普朗克：Max Karl Ernst Ludwig Planck（1858-1947），德國物理學家。
  玻爾：Niels Henrik David Bohr（1885-1962），丹麥物理學家。

1900 年，普朗克在研究**黑體輻射**時大膽假定：能量在發射和吸收時，不是連續不斷的，而是一份一份的。這個不連續假設，正是量子理論最初的萌芽。

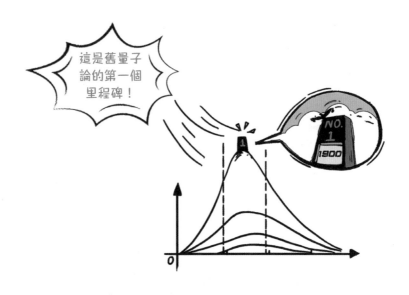

　　就這樣，普朗克稀裏糊塗地提出了量子概念。

　　它推翻了微積分幾百年的連續基礎，開始挖牛頓世界的牆角。

　　大家普遍將 1900 年 12 月 14 日，普朗克發表《論正常光譜的能量分佈定律的理論》的這一天，當作量子物理學誕生的日子。

上帝的骰子
量子物理趣畫

然而，能量子的概念太激進了！面對這樣一個駭人的真相，這個老派紳士被自己嚇得魂飛魄散。

這可不是他想要的結果。於是，他惶恐不安地把自己的**新生兒**——量子，拋棄了。

* 量子：quantum

但提出者無心，研究者有意。

1905 年，「聽牆角」的愛因斯坦開始收割  普朗克的勞動果實。

天才的直覺告訴愛因斯坦，對於光來說，量子化可能是一種必然的選擇。

他在普朗克的假設上提出，光以量子的形式存儲能量，不累積。一般情況下，一個量子打出一個電子，這就是著名的**光量子效應**。

按照愛因斯坦的理論，光又成了粒子，具有不連續性。這是被牛頓附身了嗎？難道微粒說要復活了？

光的波動學說的擁護者們氣到不得了——花了整整二百年才被打敗的微粒說，竟然又想復辟？

你們是想讓科學倒退？

但比起旗幟鮮明地站隊光到底是微粒還是波，愛因斯坦更在乎自己的直覺。

有本事你們活捉一個粒子，問問它到底是甚麼。我的直覺就一個：光具有**波粒二象性**。

對於 20 世紀初的科學家來說，你說光既是波又是粒子，這怎麼可能？

粒子是單個存在的個體，而波則是集體運動的結果，這兩者根本不可能統一啊。

* 波粒二象性：wave-particle duality

借此機會，微粒說率先開始了絕地反擊。

1915 年，密立根本想用實驗來反駁光量子理論。

令人啼笑皆非的是，在所有的情況下，光電效應都表現出量子化特徵。

1923 年，康普頓「看到」了光，開始帶領微粒軍大舉反攻。

他大膽引入光量子假設，完成了 X 射線散射實驗，光的**粒子性**被證實。

* 密立根：Robert Andrews Millikan （1868-1953），美國物理學家
　康普頓：Arthur Holly Compton （1892-1962），美國物理學家

可微粒派還沒來得及露出得意的笑容。1923 年，法國貴族王子德布羅意出場了。從中世紀教會歷史轉攻物理學的他，對法國物理學界產生了深遠的影響。

為了阻止微粒說和波動說一觸即發的大戰，德布羅意從光量子理論中頓悟到：正像光波可以表現為粒子一樣，粒子也可以表現為波！

這讓他忍不住興奮地高呼：

別打了，世界需要**和平**！你們的實驗是對的，愛因斯坦的直覺也是對的，你們其實就是一夥的。

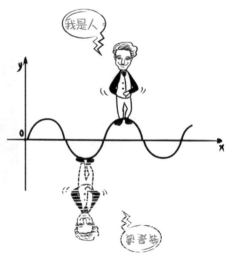

不僅僅是光，一切物質都具有波粒二象性。這就是**物質波**理論。

* 德布羅意：Louis Victorde Broglie
（1892-1987）

甚麼？宇宙難道不是由原子核和電子組成的嗎？

這個觀點，實在是太大膽了，連德布羅意的老師朗之萬都覺得這個弟子簡直是瘋了。

* 朗之萬：Paul Langevin（1872-1946），
  法國物理學家。

全世界的物理大師都保持沉默，只有愛因斯坦一個人點讚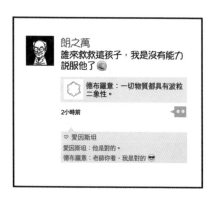支持德布羅意。

朗之萬
誰來救救這孩子，我是沒有能力說服他了😔

德布羅意：一切物質都具有波粒二象性。

2小時前

♡ 愛因斯坦
愛因斯坦：他是對的。
德布羅意：老師你看，我是對的😎

可大師的支持也沒有甚麼用。20 世紀初，正值物理學的黃金時代，高手數不勝數，**天才**攜手而來，一個比一個桀驁不馴。

海森伯　玻恩　狄拉克　玻爾

憑甚麼聽你的？

上帝的骰子
量子物理趣畫

微粒說和波動說兩派，**你死我活**地爭了這麼多年，哪能這麼簡單就握手言和，這很沒面子的。

就這樣，場面一度僵持。結果，還沒等大家從德布羅意的物質波理論衝擊中回過神來——

1925 年 4 月，戴維遜和革末進行的電子衍射實驗發現：電子居然表現出波動性質！

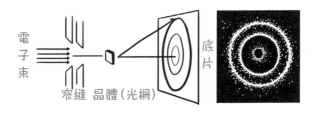

電子束　窄縫　晶體（光柵）　底片

---

* 戴維遜：Clinton Davisson （1881-1958），美國物理學家。
　革末：Lester Germer （1896-1971），美國物理學家。

「電子居然是個波！」這下，波動和微粒雙方陣營都炸開了鍋。天啊，光到底是個甚麼玩意兒?!

別急，還有幾個重要角色沒出場呢。

沒完沒了了，量子力學甚麼時候才能建立啊？

1925 年，正當物理學陷入**十字路口**  時，24 歲的海森伯出現了，他被認為是微粒派的代表。

我這麼聰明，怎麼可能會迷路！

* 海森伯：Werner Heisenberg (1901-1976)，德國物理學家。

這個稚氣未脫的大男孩 ♂ 智商高得可怕，他試圖用數學來解釋微觀粒子運動。最後，他選擇了一種不符合交換率的古怪矩陣來描述量子理論。

　　在玻恩、約爾當和狄拉克的助攻下，很快，海森伯的矩陣力學就在舊量子系統廢墟上建立了起來。

---

* 玻恩：Max Born（1882-1970），德國理論物理學家。
　約爾當：Pascual Jordan（1902-1980），德國理論和數學物理學家。
　狄拉克：Paul Dirac（1902-1984），英國理論物理學家。

可好景不長，薛定諤加入了戰鬥。他被認為是**波動派**的代表。

這位風流成性的物理學家認真起來可是一點兒都不含糊。

他嫌矩陣力學太裝，故弄玄虛讓大家都看不懂。

他認為，是微粒還是波，這根本沒那麼複雜，量子性不過是微觀體系波動性的反映。

只要把電子看成 德布羅意波，用一個波動方程表示電子運動即可。

* 薛定諤：Erwin Schrödinger（1887-1961），奧地利理論物理學家。又譯薛丁格。

他就這樣提出了名震 20 世紀物理學史的薛定諤波函數。看到熟悉的微分方程，那些被海森伯矩陣整得暈頭轉向的大佬，個個熱淚盈眶。毫不猶豫，他們轉身就把矩陣力學打入了冷宮。

一邊是驕傲的海森伯，一邊是好勝的薛定諤。一邊是以微粒說為基礎的矩陣力學，一邊是以波動說為基礎的波函數。

矩陣力學和波動力學，從此成了生死天敵。

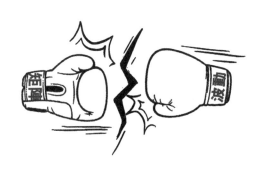

尷尬的是，1926 年 4 月，薛定諤、泡利、約爾當各自證明：兩種力學在數學上來說是完全等價 的！

　　搞了半天，不過是同一理論的不同表達形式而已。兩座大廈其實建立在同一地基上：微觀粒子的**波粒二象性**。

　　都説了，這就是量子力學的基石！你們非不信。早在 1905 年，人家愛因斯坦就打好了這塊舊量子論的第二個里程碑。

---

* 泡利：Wolfgang Ernst Pauli（1900-1958），奧地利理論物理學家。又譯包立。

但舊量子論真正的**集大成者**，不是普朗克，也不是愛因斯坦，而是來自丹麥的玻爾。有傳言說，他曾是一名足球運動員。

在一群物理學家為**波粒二象性**爭破了腦袋的時候，玻爾離開球隊，回老家娶妻生子，在蜜月期搞起了科研。

1913 年，他發表了三篇論文:《論原子和分子的構造》、《單原子核體系》和《多原子核體系》。

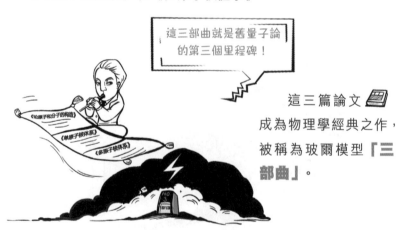

* 論文原題 "On the Constitution of Atoms and Molecules Part I, Part II, Part III"，刊於 *Philosophical Magazine*.

上帝的骰子
量子物理趣畫

就這樣，玻爾橫空出世。他收養了被普朗克拋棄的**量子**，用對應原理算出了氫原子能級。

完整的量子理論體系第一次被建立起來。

雖然只是養父，玻爾卻成了量子論最親近的人。

他耗盡餘生，將**量子論**含辛茹苦餵養大。

自己也成為將物理學研究宏觀世界過渡到微觀世界的偉大人物。

經過普朗克、愛因斯坦、玻爾三大先行者的接力，**舊量子論**終於從牛頓宏觀理論的陰影裏爬了出來。

但這時的人們最多只是剛爬到微觀世界的門口，**新量子論**（即真正意義上的量子力學）仍處於混沌之中。

那麼，這新的量子論又將如何撥雲見日呢？

上帝的骰子
量子物理趣畫

第三卷

量子力學的建立

普朗克、愛因斯坦、玻爾三人接力救了舊量子論。
但真正建立量子力學（**新量子論**）
國度的開國元勳卻來自哥本哈根學派。

他們的主將有三個：
玻恩、海森伯、玻爾（沒錯，又有玻爾）。

玻恩算是海森伯的半個老師。他是一名地地道道的物理教授，在哥廷根開了個理論班。海森伯就是在那裏跟着玻恩搞科研的。

　　1926 年，海森伯哭着跑回家説，他**被薛定諤**欺負了。

在矩陣力學和波動力學被證明**等價**後的尷尬中，他們兩人表面休戰，薛定諤卻暗中耍手段，到處罵矩陣力學『**變態**』。本就高冷難追的矩陣力學，風頭遠遠被薛定諤的**波函數**蓋了過去。

玻恩氣得肝疼，發誓一定要替自家弟子報仇。他找上了遠在**哥本哈根**的大哥玻爾，準備聯合起來找回面子。

1926 年 7 月，**薛定諤**接受玻爾的邀請前往哥本哈根，正春風得意的薛定諤，並未察覺這是一場**鴻門宴** 🐟 。

在他讚美着自己的**波函數**時，護徒心切的玻恩出手了——玻恩先假仁假義地誇讚了對方一番，再挖了個坑：閣下波函數中的 ψ，代表甚麼？

猝不及防，薛定諤就這樣跳進了坑裏。

毫無警覺的他，笑呵呵地解釋：ψ 函數代表電子電荷在空間中的**實際分佈**。

玻恩反駁，不，電子本身不會像波那樣擴展，而是它的**概率分佈**像一個波。

這不過是上帝擲骰子的一場隨機遊戲。

ψ 函數代表的不是實際位置，而是電子在某個地點出現的一種隨機概率。

它還有一個代號——**骰子**。

甚麼？骰子？出現在最嚴格精密的物理學裏？這簡直是大逆不道！薛定諤的臉迅速黑了下來，他意識到玻恩給他下了套。

玻恩，你胡說八道！

天上地下，沒有甚麼是物理學解釋不了的。

上帝是誰，我根本不認識他？

牛爵爺的理論才是真理，微觀世界也是連續波動的。

不只薛定諤，整個物理學界都炸了。沒有人願意相信人類只是上帝手中的一枚骰子。

中立派小聲嘀咕：天！怎麼能説出這種話？阿彌陀佛，罪過罪過。

反對派義憤填膺：甚麼隨機玩意兒？根本就是信口雌黃！

上帝的骰子
量子物理趣畫

哥本哈根的革命派則**誓死擁護**：敢挑戰我們哥本哈根二當家，等會兒要你們好看！

玻恩很淡定。他「以子之矛，攻子之盾」，用對方的一個波動實驗給出了最好的證明：**電子雙縫干涉實驗。**

這個圖案哪裏亮，就說明電子出現的概率高！

那概率越低，就越暗咯！

電子穿過兩道狹縫後，便形成了一個**明暗相間**的圖案，也就是干涉條紋。

一個電子究竟出現在哪兒，我們無法確定。連這個世界都是以概率形式存在的，我們只**能預言概率**。

猜一猜！我的命中率是多少呢？

一切都只是隨機的？玻恩，你這是在挑戰整個科學的**決定論**根基！

薛定諤惱羞成怒，可又無力辯駁，只能打落門牙和血吞。

借助電子雙縫干涉實驗，玻恩狠狠搧了薛定諤一個大耳光。

這是量子世界向宏觀世界宣戰的第一場勝利。

這也是史無前例的一場大爭論，新生量子論沉重打擊了傳統的波動解釋。

但還沒等玻恩開心多久，哥本哈根學派自家後院先着火了。

1927 年，大哥**玻爾**改變了對波動力學的看法。當初為了贏薛定諤，他也沒少研究波動說，可裏裏外外解剖完，玻爾突然覺得，這也是個好東西。

要不試試，把波動說當做**量子論**的基礎，看能不能搞個新理論出來？

結果還沒行動，哥本哈根「小寶貝」海森伯先不樂意了。他把玻爾當老父親般敬重愛戴，可對方居然『**叛變**』了！！！

海森伯**一哭二鬧三上吊**，被他鬧得頭疼，玻爾躲去滑雪度假了。

為此，海森伯氣得破口大罵，他跟波動誓不兩立，他發誓一定要讓玻爾回心轉意。

小海，你……

不聽不聽，你就是不許去！

假設：$P = \begin{bmatrix} 1 & 1 & 1 \\ 1 & 1 & 1 \end{bmatrix}$ $q = \begin{bmatrix} 1 & 1 \\ 1 & 1 \\ 1 & 1 \end{bmatrix}$

$P \times q$ $\begin{bmatrix} 1 & 1 & 1 \\ 1 & 1 & 1 \end{bmatrix} \times \begin{bmatrix} 1 & 1 \\ 1 & 1 \\ 1 & 1 \end{bmatrix} = \begin{bmatrix} 3 & 3 \\ 3 & 3 \end{bmatrix}$

$q \times P$ $\begin{bmatrix} 1 & 1 \\ 1 & 1 \\ 1 & 1 \end{bmatrix} \times \begin{bmatrix} 1 & 1 & 1 \\ 1 & 1 & 1 \end{bmatrix} = \begin{bmatrix} 2 & 2 & 2 \\ 2 & 2 & 2 \\ 2 & 2 & 2 \end{bmatrix}$

$\downarrow$

$p \times q \neq q \times p$

1927 年，鬧彆扭的海森伯還在跟矩陣較勁。他試圖用矩陣來對抗薛定諤方程。

在絞盡腦汁的思考過程中，他突然想起：矩陣其實是不符合小學的**乘法交換律**的！

為甚麼會不一樣？難道這裏面還隱藏着甚麼秘密嗎？為了發掘出真相，海森伯找來了玻恩、約爾當一起研究。他們三人瘋狂地計算，最後終於得出：

> ## 不確定性原理
>
> $\Delta p \times \Delta q \geq h/4\pi$，
> 測量 p 和測量 q 的誤差，
> 它們的乘積必定大於或等於
> 某個常數 h（普朗克常數）。
>
> 這是一對共軛量，
> 如果電子動量 p 是完全確定的，
> 那位置 q 就無法確定。

不確定，又是**不確定**？玻恩的隨機概率解釋已經讓人頭大了。這次海森伯更狠，他直接否定了物理學。

你們波動説不是想給定全部條件嗎？我海森伯就是要告訴你們，這個前提本身就是錯的！

給定了其中一部份條件，另一部份條件就一定「測！不！準！」

不僅如此，為了保險起見，被欺負怕了的海森伯，這次還加了一個大型實驗：用最先進的 γ 射線顯微鏡觀測電子。

思維實驗

顯微鏡的分辨率受光波波長的限制，
為了精確定電子的位置，
應該使用波長短的光。
但波長越短，光子動量越大，
電子動量的變化也越大。
因此位置 q 越準確，
電子動量 p 就越難確定。

你看，
我們能看見的天空，
只有井口那麼點大！

按照實驗原理，電子的動量、位置根本不能同時被測量到。

這不是因為實驗存在誤差，而是**理論根本**限制了我們能夠觀測的東西。

這是一種哲學上的原則問題。不僅是你波動說，不管你創立甚麼理論，都必須服從**不確定性原理**！

霸氣宣佈完論斷後，海森伯立馬給玻爾寫了信。

他**滿懷期待**地等着玻爾來稱讚自己，心想，這下玻爾該後悔了吧。

海森伯猜中了故事的開頭——玻爾收到信，果然丟下滑雪板，快馬加鞭趕了回來。

卻沒猜中故事的結局——玻爾不但沒稱讚他，還劈頭蓋臉把他臭罵了一頓。

玻爾一罵：你這種不確定性從粒子本性而來，還是由**波的本性**得出？

玻爾再罵：笨蛋，你是不是又犯了「顯微鏡恐懼症」！

海森伯心裏咯噔一下，壞了，好像想錯實驗了。他怎麼可能輕易接受死對頭薛定諤的波動性學説呢？

玻爾被固執的海森伯氣得差點犯了心臟病。

最後，哥本哈根學派的另一個熊孩子泡利磨破了嘴皮子 👄，才安慰好了海森伯。

終於解決完了家庭糾紛，玻爾長舒了一口氣。

上帝的骰子
量子物理趣畫

自己家的孩子，只有自己能批評，被別人欺負了可不行。當海森伯將修改後的論文重新發表時，卻遭到了外界的質疑，此時，玻爾當機立斷，立刻護在了自家孩子面前：

　　你們懂甚麼！不確定性原理是量子論的**核心基石**，意義比你們想像的要深遠！

　　可外界還是不服氣。照你們的說法，電子是波也是微粒，不確定性是電子在波和微粒之間的一種隨機表現。

　　可你們又沒同時見過「電子波」和「電子粒」，誰能做證？

玻爾急中生智，直接搶白：誰說電子是波又是微粒，就一定能同時觀察到兩種狀態了？

就像你不能同時觀察到男人的兩面性一樣—

你好，我今年 24 歲！

我們只能看 到其中一種，關鍵是我們如何觀察它，而不是它是甚麼。

我 45。 婚前 vs. 婚後

為了聽上去更有説服力，玻爾還進行了官方陳詞總結，這就是互補原理。

互補原理

波和粒子在同一時刻是互斥的，但它們卻在一個更高層次上統一在一起，作為電子的兩面被納入一個整體概念中。

上帝的骰子
量子物理趣畫

所以，探討任何物理量都是沒有意義的，除非你先描述如何觀測。

其實就是我們的觀測行為，會影響到觀測結果。

我……我……我也有點暈……

外界的物理學家被繞暈  了，一時不知道該說甚麼。

不得不說，哥本哈根學派這一大家子，個個都能言善辯，先是玻恩，再是海森伯，最後是玻爾。

概率解釋、不確定性原理、互補原理就這樣顛覆了人們對宇宙 的終極認識。

概率解釋

量子論

不確定性原理

互補原理

它們共同構成了量子論「**哥本哈根解釋**」的核心。概率解釋與不確定性原理摧毀了世界的因果性，不確定性原理和互補原理合力幹掉了世界的絕對客觀性。

換句話說，就是根本不存在一個**客觀實在**的世界。唯一存在的，就是我們能夠觀測到的世界，或者說，我們所參與的世界。

上帝的骰子
量子物理趣畫

你看，好好的物理學生生被搞成了哲學，好好的唯物論被搞成唯心論了。科學家辛辛苦苦爬到山頂，結果發現**佛學大師**早已坐在山頂感嘆：

菩提本無樹，
明鏡亦非台。
本來無一物，
何處惹塵埃！

詭異莫測的**新量子力學**就這樣被建立起來了。在以玻爾為首的眾人聯手下，哥本哈根學派已經是一個初具規模的門派了。

新的量子論非常奇妙，甚至違背理性本身。但它能夠解**釋量子世界**一切不可思議的現象。

聽起來
很厲害的樣子！

在這一輪較量中，最受傷的是薛定諤。薛定諤認為，玻爾等人的車輪戰術，實在太可怕了。

這世界到底還有沒有天理了？就任由哥本哈根學派這樣興風作浪嗎？

服不服？
我們才是這條街最靚仔的！

薛定諤抱着愛因斯坦的大腿 ，狠狠告了玻爾一狀。

老大！
你要為我做主啊！

他説玻爾組建了一個叫哥本哈根學派的物理學神秘組織，裏面的小夥子個個心狠手辣。光説不夠，他還露出左腕的傷疤賣慘。

小聲説句
其實那是貓撓的嘞！

愛因斯坦很生氣，
後果很嚴重。

這下刺激了，
愛因斯坦要幹嗎呢？

上帝的骰子
量子物理趣畫

（完）

第四卷

愛因斯坦和玻爾的戰爭

作為一群不省心的狂妄冒險家，
以玻爾為首的**哥本哈根學派**，
把物理學界鬧了個翻天覆地。

他們叛逆又荒誕，在物理學界放了一把大火。

哼，我們
才是未來的王。

他們自認為帥翻天了，也贏得了大眾的掌聲，但量子力學的征程並非一帆風順。

他們要面對一座大山，那就是神一般的愛因斯坦。當年他還是量子力學的恩人，曾經拉過舊量子論一把。

愛因斯坦認為，「量子」這熊孩子  已經長歪了，哥本哈根學派的解釋，根本就沒有辦法說服他。這個當初提出光量子理論的男人，是因果律和客觀性的堅定擁護者，卻對量子力學（新量子論）嗤之以鼻。

他早就對玻爾不滿了，對於玻爾的理論更是渾身上下每個細胞都在抗拒：

笑話，難道我不看月亮的時候，月亮就不存在嗎！

士可殺不可辱。哥本哈根學派欺負了自己的小弟薛定諤，愛因斯坦決定找個機會好好教訓一下他們。

可是哥本哈根學派的這幫年輕人，沒有一個人迷信權威，而且一個個戰鬥力還挺強，都是玩命的。尤其是帶頭大哥玻爾，他有北歐海盜 血統，從小就是個科學刺兒頭。

針尖對麥芒，就算是面對愛因斯坦，他們也決定較量一番。就這樣，科學史上最有名的物理對決史開始了。

一邊是史詩級的大神，一邊是天才組成的黃金戰隊，毫無疑問，這注定是一場世紀大對決。

哥本哈根派與愛因斯坦總共三次對陣。正是這三次對陣，奠定了量子力學在物理學上的重要地位，使它成為 20 世紀最偉大的兩大理論之一。

1927 年 10 月 24 日，第五屆索爾維會議召開。這是他們的**第一回合**決戰。

看熱鬧的不少，整個物理學界能排得上號的人基本都來了。愛因斯坦、玻爾、薛定諤、德布羅意、玻恩、普朗克、朗之萬、狄拉克、居禮夫人⋯⋯29 個人，其中有 17 個人是諾貝爾獎的獲得者！

都是神一般的人物啊！
您看我跪得
標不標準？

---

* 索爾維會議：Solvay Conference，國際性物理學大會，致力於研究物理學和化學中突出的前沿問題，第一次於 1911 年秋天在布魯塞爾舉行，此後每三年舉辦一次。第五次索爾維會議主題為「電子和光子」。
居禮夫人：Madame Marie Curie （1867-1934），波蘭裔法國籍物理學家、化學家。

這群人組成了一支「物理學全明星夢之隊」，留下了堪稱人類歷史上智商巔峰的一張合影。就算不是「絕後」，也一定是「空前」的。

泡利，你又不認真了，
看鏡頭啊喂！

　　這支全明星夢之隊分為三個陣營：一個是哥本哈根學派，以玻爾為首。成員有海森伯、玻恩、泡利、狄拉克……

呦吼，
我們來了！

狄拉克緊緊抱着自己的 δ ，一言不發低頭跟在大家身後。

這個足以和海森伯齊名、當年發現 $p×q ≠ q×p$ 秘密只比後者晚一點點的男孩子，在一群血氣方剛、躍躍欲試的年輕小夥子中顯得格外腼腆。 ε..з

第二個陣營是他們的老對手，以愛因斯坦為首的反對派。

麾下有抱大腿的薛定諤、小王爺德布羅意等幾員大將。

還有一個**閑雲野鶴派**，他們不在乎你們誰和誰打架，只關心實驗結果。

最前頭站着的是布拉格和康普頓，身後還站着居禮夫人、德拜等一群看熱鬧不嫌事兒大的人。

你們打，
我們看戲。

最先亮相的是布拉格和康普頓。

他們在台上口沫
橫飛地描述着自己這
些年的實驗。當然，
台下另外兩派根本沒
認真聽，他們滿腦子
想的都是待會兒怎麼
收拾對面的人。

---

* 布拉格：William Lawrence Bragg （1890-1971），澳洲物理學家。
  康普頓：Arthur Holly Compton （1892-1962），美國物理學家。
  德拜：Peter Debye （1884-1966），荷蘭物理學家與物理化學家。

略顯敷衍地點了幾個讚後，反對派就急不及待地衝上擂台，準備過招。德布羅意小王爺一馬當先，提出「導波」的概念，試圖推翻概率解釋，用因果關係解釋波動力學。

他說，我雖然提出了物質波，但你們都沒搞懂。

粒子是波動方程的一個奇點，就像波上的一個包，它必須受波的引導。而這個波，其實就是物質的運動軌跡。

「導波」沒有「物質波」幸運，它遭到了泡利的猛烈反擊。

被稱為「上帝之鞭」的泡利從小就是個暴脾氣。身為海森伯的師兄，他對他們的老師也照樣尖刻。極具個性的他，一言不合就丟出一個「不相容原理」：我！們！不！一！樣！

如果波是物質的運動軌跡，那你倒是說說，這個運動到底是怎麼回事，向前？向後？甚麼時候停止？

 愛因斯坦不完全是錯的，但你從頭到腳都錯了！

德布羅意小王爺羞紅了臉，下不了台。

薛定諤想來助陣，結果自身難保。他的「電子雲」理論被玻恩和海森伯兩師徒前後夾擊。

薛定諤認為，波是真實存在的，電子在空間中的實際分佈如波般擴散，就像一團雲。

可海森伯很囂張：對不起啊，從你的計算中，我看不到任何可以證明你理論的東西。

薛定諤自知自己的計算還不完善，便硬著頭皮還擊，那你們提出的甚麼**波本徵態疊加**更胡扯！以一敵二，薛定諤直接被玻恩、海森伯駁斥到懷疑人生。

眼看自己的兩大親兵節節敗退，在一陣可怕的沉默中，愛因斯坦終於爆發了。

他直接提出一個模型：一個電子通過一個小孔得到衍射圖像。假設一片隔板中間有一條狹縫，朝着這隔板的狹縫發射一個電子，發射的方向垂直於隔板，電子穿過了狹縫，再移動一段距離後，抵達感應屏障。

沒錯，你們的概率分佈是比薛定諤的「電子雲」完備。但你們説，電子在到達感應屏前都不確定，到達的一瞬間概率就變成了100%？這種隨機性不是要以超距作用為前提嗎？這是違背相對論的！

對，他認為光速是一切速度的極限，沒有超距作用。

就是那個愛因斯坦引以為傲的相對論？

哥本哈根學派內心一陣戰慄⋯⋯

愛因斯坦是神一般的人物，是大當家的玻爾的偶像。面對身為反方帶頭大哥  的愛因斯坦，玻爾勇敢地站了出來。

> 唔，該我
> 上場了嗎？

他有些不忍反擊，試圖先打感情牌——

難道不正是你在 1905 年第一次提出了光的波粒二象性嗎？

難道不正是你當年幫助我奠定了舊量子論的基石嗎？

難道你不更應該接受更新的量子力學，把理論向前推進一步嗎？

> 偶像，你那麼有遠見，
> 為甚麼不跟我站在
> 一起呢？

可此時的愛因斯坦已經吃了秤砣  鐵了心：別跟我打感情牌，我只站在真理的一邊。

玻爾見偶像不回應，只好狠下心回擊——

你這個模型，同樣不能避免測量時儀器 📟 對電子不可控的相互作用，即電子與**狹縫邊沿**的相互作用，電子在通過 A 縫時如果不超距，怎麼感知旁邊沒有其他的縫呢？

也就是說，其實你這個模型也是符合**量子理論**的，你還要反駁我們嗎？

上帝的骰子
量子物理趣畫

玻爾出招，雖然重劍無鋒，但直取對方**致命**弱點。愛因斯坦想反駁，可憋了半天，愣是沒憋出一個字。

　　會場鴉雀無聲 ……第一個回合，哥本哈根學派勝出。

　　低估了對手實力，愛因斯坦很不服氣。

　　甚麼隨機性，甚麼概率分佈，這是**科幻作家**幹的事。

　　我一個受過正統教育的科學家，是絕不會放棄因果律的！

我搞的是科學，不是科幻！

他又提出一個模型：**電子雙縫干涉實驗**。

若控制裝置，讓某一時刻只有一個粒子穿過，並分別關閉狹縫，就可以測出電子的準確路徑和位置。

而由干涉條紋又可計算電子波的波長，從而可精確確定電子的**動量**。怎麼樣，這下你們的測不準關係被否定了吧？

愛因斯坦自以為這局一定穩勝，可玻爾卻古怪地笑了：愛因斯坦先生，如果你關上  其中任何一個狹縫，實驗的狀態就完全改變了！雙縫開啓干涉現象也不再出現，實驗又回到了單縫狀態，等於又多了一次不確定因素！

愛因斯坦目瞪口呆，自己竟然又給對方送去了一分！

這個實驗，不但沒反駁成功互補原理，反而用互補原理說明了波粒二象性！

第二回合，還是哥本哈根學派勝！

double kill！

大神愛因斯坦竟然**連輸兩局**！整個物理學界沸騰了！量子力學到底是何方神聖？哥本哈根學派真的要掀翻人類構建的物理大廈嗎？

六天的會議，變成了這兩個人的對台戲。早上，愛因斯坦給出一個試圖駁倒量子力學的實驗。

可玻爾總是趕在晚飯前就會給出反駁證明，愛因斯坦每每吃不下一頓安樂飯。

愛因斯坦屢戰屢敗卻越挫越勇。最後，他惱羞成怒，扔下了一句物理學名言：

 **玻爾，上帝不擲骰子！**

物理學就應該一切簡單明確，遵循因果律，A 導致了 B，B 導致了 C，C 導致了 D。

玻爾此時也已經豁出去了，他毫不留情地回嗆：

愛因斯坦，別去指揮上帝該怎麼做！

血液裏的海盜蠻勁兒在躁動。他甚至開始了人身攻擊：你當年最蔑視 權威，現在卻故步自封！

與哥本哈根學派的第一次對決，愛因斯坦輸得**慘不忍睹**。哥本哈根學派大獲全勝，越來越多人皈依量子門下。

第一次愛玻之戰，以愛因斯坦的慘敗告終。

可愛因斯坦沒有被説服，
他也沒那麼容易被打敗。

他身後依舊站着兩員大將，一位是薛定諤，一位是德布羅意。這三人個個都是一代宗主，誓與經典理論共存亡。他們蟄伏三年，準備在下一次對決中一雪前恥。

1930 年，第六屆索爾維會議召開。這是他們的第二次對決。同樣的季節，同樣的地點，同樣的老相識。

這次，愛因斯坦有備而來。他先發制人，快準狠地打出一張實驗牌：**光箱子**。

箱子裏有 n 個光子，時間間隔 Δt 之後打開箱子，每次只放出一個光子，Δt 確定。再用理想的彈簧秤測出箱子的質量，發現輕了 Δm，將 Δm 代入質能方程 $E=mc^2$，ΔE 也確定。既然 ΔE 和 Δt 都確定，那你們家不確定性原理，$\Delta E \Delta t > h$，也就不成立！

一記白虹貫日，直中要害。玻爾毫無思想準備，當場呆了。

這次他沒能在晚飯前反擊，愛因斯坦終於好好吃了一頓晚飯。

飯後他還愉悦地在房間裏拉起了小提琴。

玻爾緊急召集兄弟，整個哥本哈根學派進入一級戒備狀態。

第二天一大早，一夜沒合眼的玻爾，頂着兩個濃重的黑眼圈出現在台上。

好，你説一個光子跑了，箱子輕了 Δm，這沒問題。
那怎麼測量這個 Δm 呢？

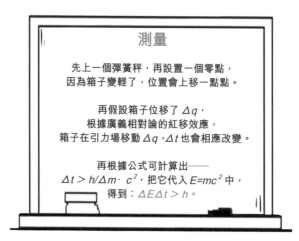

這個式子，還是海森伯的測不準關係。

愛因斯坦，你是不是忘了，你自己廣義相對論中的**紅移效應**，即光頻率降低的現象。引力場可以使原子的頻率變低，也就是紅移，等效於時間變慢。

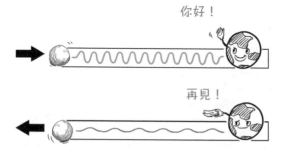

你想要準確測量 Δm 或 ΔE，可你其實根本沒辦法控制光子逃出的時間 Δt，它測不準。

上帝的骰子
量子物理趣畫

這一招實在太腹黑，對方竟然用自己的**獨門絕技**打敗了自己？愛因斯坦啞口無言。苦心孤詣三年，他和薛定諤、德布羅意在小黑屋反覆沙盤推演，原以為萬無一失，可以一招制敵。可自己精心設計的實驗，又一次成了不確定性原理的一個絕佳例證。

第二次對決，愛因斯坦又輸了！對手用自己的**矛**（廣義相對論）戳穿了自己的**盾**（狹義相對論）。

愛因斯坦很無奈，可作為一代名家，自然不能撒潑耍賴。

於是，他只好裝模作樣地承認了哥本哈根學派理論的自洽性。

上帝的骰子
量子物理趣畫

可就算廣義相對論弄死了狹義相對論，如果那麼容易就放棄，那愛神也就不是愛神了。

上帝擲骰子嗎？ 鬼才信！

骰子背後一定還隱藏着其他真相，它決定了骰子的行為。

快說，你背後那個人是誰！

你有本事打死我，我兒子會為我報仇的！

這最後的倔強，已經成了愛因斯坦的**執念**。

雖然這個時候量子派的門徒越來越多，但哪怕全世界都說他站錯了隊，他也不惜與整個世界為敵。

1933 年， 第七屆索爾維會議召開。可彼時，愛因斯坦正被納粹逼得在異國他鄉流浪，他缺席了。

上帝的骰子
量子物理趣畫

世界是我們的也是他們的。

可歸根結底是他們的……

缺了愛因斯坦，會議變得索然無味。丟了主心骨的薛定諤、德布羅意兩人，在新量子論的喧鬧中沉默不語。

《量子力學對物理實在的描述可能是不完備的》

你看我們多厲害！

就是，量子力學等着瞧！

玻爾，這次你們完蛋了！

1935 年，孤獨的愛因斯坦又找到了兩個同盟軍，波多爾斯基和羅森，他們聯合發表了一篇論文。

論文的名字特別長，叫《量子力學對物理實在的描述可能是不完備的》。

* 波多爾斯基：Boris Yakovlevich Podolsky（1896-1966），美國物理學家。
羅森：Nathan Rosen（1909-1995），美國物理學家。
論文原題："Can Quantum-Mechanical Description of Physical Reality Be Considered Complete?"

這一次，是雙方的第三次對決。

愛因斯坦吸取了之前血的教訓。他不再攻擊量子力學的正確性，而準備改說它是**不完備**的。

對於量子力學，愛因斯坦心理上 有兩個坎兒過不去。一個是，怎麼可能有超光速信號的傳播？愛因斯坦稱之為**「定域性」**。另外一個是**「實在性」**：你不去看，難道天上的月亮 就不存在了嗎？

我才不信！你們就是一群江湖騙子！

只要你們違背了我的「**定域實在論**」，那就說明你們量子力學是不完備的！

等着瞧，玻爾！

為此，愛因斯坦準備了一個實驗，來說明量子力學違背了定域實在論，大意是：一個母粒子分裂成兩個自旋方向相反的子粒子 A 和 B。

這樣兩個糾纏態的粒子，薛定諤後來把它叫作——

這兩個粒子是互相影響的。如果粒子 A 為左旋，那 B 一定是右旋，以保持總體守恆，反之亦然。

量子糾纏

一種純粹發生於量子系統的現象。
在經典力學裏，
找不到類似的現象。

兩個暫時耦合的粒子，
不再耦合之後
彼此之間仍舊維持關聯。

按照量子力學的解釋，這兩個粒子相互之間是有聯繫的。那麼，如果這兩個粒子分開足夠遠——比如，粒子 A 在銀河系的這頭，粒子 B 在銀河系的那頭，相隔 10 萬光年以上。你對粒子 A 吹口氣，難道粒子 B 也會在一瞬時做出相對的反應嗎？

這難道不是一種鬼魅般的超距作用嗎？怎麼可能有超光速信號？這不是違背了定域實在論嗎？這顯然不可能。因此，量子力學並不完備！

綜上所述，這就是整篇論文的論據。這個思想實驗，也被稱為「EPR 佯謬」，命名靈感來自三人名字的縮寫。

EPR 佯謬超級**複雜**，涉及因果性、超光速信號、定域性、實在性……愛因斯坦信心滿滿：玻爾，這一次你別想安寢。

　　可現實往往很殘酷。玻爾不僅一覺睡到天亮，還**淡定**地給出了反擊——

　　愛因斯坦，你這 EPR 佯謬完全是個虛招！我懶得反駁你的定域實在論。

　　我就問你，你二話不說就先假定了兩個粒子在觀察前，分別都有個客觀的自旋狀態存在。

　　這兩個客觀存在的粒子是哪兒來的？

根據量子力學的理論，在沒有觀測前，一個客觀獨立的世界**並不存在**，更不存在客觀獨立的兩個粒子。它們本就是一個相互聯繫、相互影響的整體。在被觀測之後，粒子 A、粒子 B 才變成客觀真實的存在。又怎會需要傳遞甚麼超光速信號？

我們終於在一起了！

感謝哥本哈根學派，感謝玻爾……

淵博嚴謹
致哥本哈根

完全是驢唇

不對馬嘴嘛。

我們兩個前提都不一樣，量子力學仍然是完備、邏輯自洽的。

第三次論戰，愛因斯坦又沒能贏！整個物理學江湖都炸了，連大神愛因斯坦都無法打敗他們，這是新的大門派要誕生了啊！

至此，三次神仙打架也落幕了。

哲學觀上的最終差異，使得兩個固執的誰也沒能說服誰。

但玻爾和哥本哈根學派，還是就這樣在三次對決中確立了自己的**江湖地位**。

不得不說，愛因斯坦是一個偉大的反對派。作為一代**科學巨匠**，他的反對成了量子力學最好的試金石，每一次他提出的問題，都推動量子力學前進了一大步。甚至有人懷疑他是量子力學派來的**臥底**。

在愛因斯坦的**「送溫暖」**中，量子力學的本質被一步步深入揭示，地位也因而徹底牢固了。

即使這樣，愛因斯坦與玻爾的私人關係，並沒有因為觀念之爭而受到絲毫影響。

愛因斯坦習慣了在重大問題上想到玻爾：要不找玻爾聊聊？玻爾也感念愛因斯坦的反對：他是新思想的源泉。

這兩個科學界神一樣的男人，爭論問題時，他們是這樣的：

在一起時，他們又是這樣的：

上帝的骰子
量子物理趣畫

1962 年，玻爾去世後的第二天──人們在他的黑板 上，發現了當年愛因斯坦光箱子的實驗草圖。

他對愛因斯坦的反對是如此眷戀，至死還**縈繞於心**。而此時的愛因斯坦，已經去世了七年。

在愛因斯坦的反對和哥本哈根學派的推動下，量子力學以火箭升空 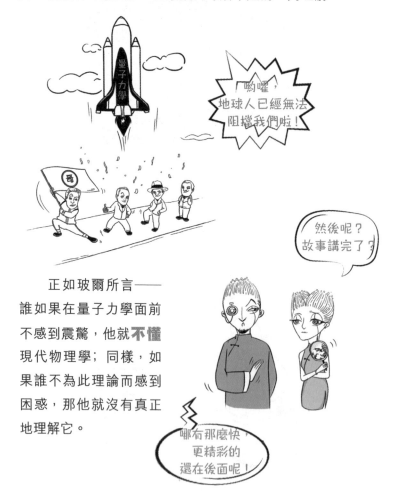 般的速度成長。

它注定要在科學史上**發光發熱**，成為現實世界中最重要、最前沿、最玄妙，也最讓人琢磨不透的一門理論。

正如玻爾所言──誰如果在量子力學面前不感到震驚，他就**不懂**現代物理學；同樣，如果誰不為此理論而感到困惑，那他就沒有真正地理解它。

然而，物理學史上最偉大的戰爭遠遠沒有結束。量子力學過於深邃，它探索的是**未知的微觀世界**，哥本哈根學派的解釋又如此詭異。別說說服全世界的科學家，連說服自己的朋友都不是一件容易的事。

雖然愛因斯坦已經去世，但反對的火苗仍在**熊熊燃燒**。

作為愛因斯坦嫡系大將，薛定諤賊心不死，他座下的神獸早已蠢蠢欲動。

這隻神獸正張開着血盆大口，想要吞噬整個量子世界。

這隻**妖貓**將如何興風作浪？量子力學又是如何坐穩天王山，得到科學界的普遍認可的呢？

喵喵喵，我來了！

？

這隻貓
到底想要
做甚麼呢？

（小劇場‧玻爾的夢）

（完）

雖然和量子力學的三次對決，
愛因斯坦都失敗了，
但**反對派**的火燄仍然在燃燒。

薛定諤帶着他的貓，一直虎視眈眈地
盯着量子力學。

老虎不發威，
你當我是病貓啊？

1935 年，愛因斯坦 EPR 佯謬剛一出台，薛定諤就歡欣雀躍：終於找到量子力學的**命門**了！

可他萬萬沒有想到，EPR 佯謬也沒能鎮壓住量子力學。

在愛因斯坦的**光環**下，薛定諤雖然只是小弟，但自身同樣也是實力一流的大科學家。

哥本哈根學派第一條核心原理——**概率詮釋**，就是用薛定諤方程來描述量子行為。

雖然不怎麼喜歡他這個反對黨，但哥本哈根派也不得不承認薛定諤是量子力學的**奠基人**之一。

除此之外，薛定諤還是分子生物學的**開山鼻祖**，他寫的《生命是甚麼》一書暢銷至今。有些人隨便玩玩就可能玩出震驚世界的成績，薛定諤就是這樣的人。

不過，最讓薛定諤名揚天下的，不是他本人，而是他養的那隻貓。

但這不是一隻普通的貓，牠以一己之力就將量子力學攪得天翻地覆。

「薛定諤的貓」是怎麼來的呢？

愛因斯坦落敗後，老薛心裏極度憋屈又扭曲。他又一次複習了EPR理論，覺得沒毛病啊！薛定諤認為愛因斯坦沒有錯，錯的是哥本哈根學派，這一派個個都是詭辯高手。

就是你們！
準備挨打吧！

……   嗚嗚……   你幹嗎?!

打地鼠
10元一次

他得再做一個**實驗**，這個實驗要讓每個人一眼就看懂。正想着實驗怎麼做的薛定諤掃了一眼周圍──他的貓正在撕咬他的論文**《量子力學的現狀》**！氣不打一處來的薛定諤靈光乍現：這麼皮，把你拿去做實驗好了！

薛定諤把貓放進一個不透明的盒子裏。

盒子連接到一個包含放射性原子核和有毒氣體的實驗裝置中。

可憐的貓被活生生關在裏面。

如果原子衰變了，毒氣瓶  會被打破，盒子裏的貓會被毒死。要是原子沒有衰變，貓就好好地活着。根據量子力學理論，原子核處於衰變和未衰變的疊加態。那麼這隻貓理所當然也隨着原子核疊加進入一種「又死又活」的狀態。

這就是名揚天下的「薛定諤的貓」思想實驗。

這樣一隻貓，與我們的常識是如此相悖。

薛定諤得意地大笑：玻爾，你們見過一隻又死又活的貓嗎？

薛定諤的貓思想實驗的高超之處在於：它將看不見的微觀世界與可視化的宏觀世界聯繫了起來。

這隻貓，成了行走於宏觀世界和微觀世界的靈寵。

你們不是欺負人們看不到嗎？

我現在就讓全世界，看到你們哥本哈根學派的醜陋！

薛定諤開啓了最高級嘲諷模式：你們非要將我的波函數方程解釋成粒子的一種**疊加概率波**。你看，現在搬起石頭砸自己的腳了吧！

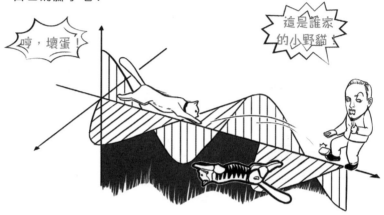

哼，壞蛋！

這是誰家的小野貓

唉，小貓做錯了甚麼？

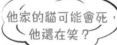

他家的貓可能會死，他還在笑？

我想像不出一隻既死又活的**幽靈貓**長甚麼樣，玻恩你見過嗎？

疊加態不是微觀世界量子論的核心嗎？

現在我將牠帶到宏觀世界了，你們自己看看，牠是多麼可笑！

按照量子力學的解釋，薛定諤的貓是**生死疊加**的。

如果把貓換成人，那豈不是有一個不死不活的「陰陽人」了？

這實在太**可怕**了，簡直是匪夷所思。這隻貓嚇壞了一大批科學家，特別是信奉量子力學的科學家。

唔，好重，動不了……

自從這隻貓出現後，很多物理學家夜夜噩夢纏身，不得安寧。

連多年後的**霍金**在聽到「薛定諤的貓」時，也是氣得恨不得直接拿起槍把薛定諤的貓一槍崩了。

不要攔我！
漸凍症也阻止不了我！

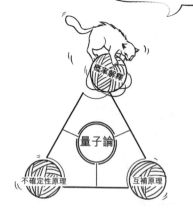

你能拿我怎麼樣？
打我呀！

概率解釋

量子論

不確定性原理　　互補原理

薛定諤的貓實驗否定的是哥本哈根學派的概率解釋。

如果量子力學的**三大基石**之一被毀掉了，那科學家進軍微觀世界的夢想將徹底破滅。

為了將這隻行走於陰陽兩界的貓拯救出來，科學家們用盡渾身解數，提出五花八門的解釋。貓神啊，生，還是死，這是一個問題。

To be, or not to be, that is the question.

別白費力氣了莎翁。

是的，就是鄙人！

　　首先給出解釋的，還是哥本哈根學派。哥本哈根學派其實心裏也有點虛，但他們只能硬着頭皮上：你的實驗盒子裏，有一個計數器是用來測量原子是否衰變的。從這一步

測量開始，波函數的疊加態就已經坍縮了。後面的貓是生是死，完全是屬於經典世界的，**不存在疊加態**。

這種解釋乍聽好像還挺靠譜的，是啊，微觀世界一開始就被破壞了。

無限復歸

你用計數器去測量放射性原子衰變不衰變，原子的波函數確實是坍縮了，可是計數器的波函數又不確定了！

……

可不久，現代應用電腦鼻祖，年青的馮·諾伊曼就一針見血地指出：不對！計數器本身也是由微觀粒子組成的！

你用 B 去測量 A，用 C 去測量 B，只不過是 A 的疊加態轉移到了 B，B 的不確定又轉移到了 C……到最後，整個大系統的波函數還是**沒有坍縮**。

到最後，波函數之所以坍縮，還是因為人的意識參與。只要沒有「被意識到」，貓就是又死又活的。可究竟甚麼是意識？大腦？靈魂？思想？

* 馮·諾伊曼：John von Neumann （1903-1957），美國數學家。

這種解釋太**唯心主義**了，遠遠超出了科學所能管轄的範圍。很多邪門歪道也借此學說大做文章：量子為我們指明了光明大道。

　　不少物理學家難以接受，覺得自己的招牌 被砸了。

　　一時愁雲籠罩，量子力學悽悽慘慘戚戚。

這個時候，暗中窺視的愛因斯坦一派伺機而動。看到量子力學大廈被**意識決定論**搞得搖搖欲墜，愛因斯坦的追隨者覺得，這是一個大好時機。

他們悄悄帶來了第二種解釋，也就是反哥本哈根學派的詮釋。

他們不反對量子力學，只想在量子力學的世界搶班奪權，掠取哥本哈根學派打下來的「量子江山」。

它的代表人是玻姆。1952 年，玻姆創立了一個完整的隱變量體系。

甚麼是**隱變量**？它繼承了愛因斯坦、德布羅意的雙重思想。

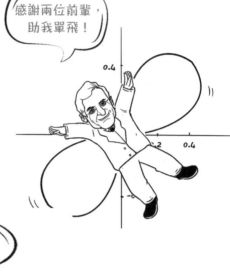

感謝兩位前輩，助我單飛！

噓！我猜的應該沒錯！

當初愛因斯坦認為，骰子的背後一定還有一個神秘者。

「他」嚴格決定了骰子的行為，造成了表面的**概率隨機性**。

* 玻姆：David Bohm （1917-1992），美國物理學家。

上帝的骰子
量子物理趣畫

第五屆索爾維會議上，德布羅意也曾在**導波理論**中，提出一種控制引導粒子運動的波。雖然小王爺被泡利炮轟，導波理論不了了之，但這種不可知又起主導作用的變量思想，深深吸引了後輩小生玻姆。

　　作為愛因斯坦的信徒，玻姆認為，量子力學是好東西，應該發揚光大。
　　但哥本哈根學派主導的量子論存在着太多問題。

在玻姆看來，哥本哈根學派含糊混淆的那些現象，主要是因為存在着一個隱形變量。為此，他用高超的數學手法復活了**導波**。寫下  了一個複雜得讓許多科學家覺得生無可戀的隱函數。

玻姆說，這個隱變量，就是愛因斯坦尋找的**神秘力量**。但因為我們還沒有發現，也發現不了，所以微觀粒子才表現出不確定，才會有疊加態。

所以，老薛家的那隻小貓，才會有一種活着又死了的狀態。

奧卡姆剃刀原則

由 14 世紀邏輯學家奧卡姆的威廉（William of Occam）提出，「如無必要，勿增實體」即「簡單有效原理」。如果對於同一現象有兩種或多種不同的假説，我們應該採取比較簡單或可證偽的那一種。

雖然看上去特別有道理，但不能**證偽**，玻姆的隱函數同樣難以服眾！

存在可又絕對觀測不到？那和不存在有甚麼區別？這不是廢話嗎？

這明顯違反了奧卡姆剃刀原則。

別說其他人了，連愛因斯坦生前都對玻姆的理論不敢苟同。

好吧，這第二種解釋也不能讓物理學家滿意。

全世界的科學家都哭了： 薛定諤，我恨你家貓一輩子！

進退維谷，黃金時代的這些科學家愁得頭都要禿了。

1957 年，又一個不走尋常路的傢伙出現了：**埃弗萊特**。他帶來了荒謬又可笑的第三種解釋。這傢伙也是個不得了的人才，一邊喝酒一邊為美國的氫彈  攻堅提供算法。

埃弗萊特看不慣那些梨花帶雨的科學家。

他大大咧咧地說，別多愁善感了，根本沒有甚麼又死又活的『**疊加貓**』，貓也不是你看一眼就死了的。本來就有兩隻貓，一隻是活著的，另一隻死了。只不過這兩隻貓各自在兩個世界裏，兩個「你」看到了不同的貓。

* 埃弗萊特：Hugh Everett III （1930-1982），美國量子物理學家。

你們不是一直在疊加態裏糾結嗎？

現在原子是疊加的，計數器是疊加的，貓也是疊加的。

不同的是，觀測者也變成了疊加的，連整個世界都是**疊加的**。

你在這個世界打開盒子，看到了死貓，另外一個世界的你，看到的卻是一隻活蹦亂跳的貓，波函數從來沒有**坍縮**過。

埃弗萊特眼中有一個量子世界：整個宇宙是一個總體的波函數疊加系統，裏面包含了很多個完全孤立、互不干涉的**「子世界」**。

從宇宙大爆炸以來，這些世界就各自演化着，誰也看不到誰。

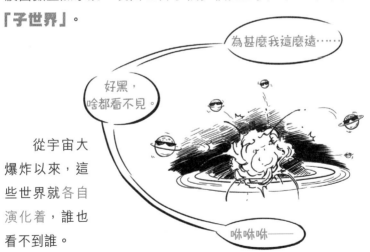

　　這個，就是多世界解釋（Many Worlds Interpretation，簡稱 **MWI**），也就是拯救了無數科幻電影編劇的平行宇宙論。

　　佛說，三千大世界，億萬小世界。量子力學和佛學在這裏完美牽手  了。難不成，科學的盡頭真是玄學？

如果愛因斯坦聽見了，估計內心一定很糾結。以前還只是個擲骰子  的遊戲，現在倒好，直接精神分裂了。物理學家也是個個目瞪口呆，誰也不敢輕易接受這個理論。這次不唯心了，可整個世界觀都要崩塌了。

氣死我了，我一定得爬起來！

玻爾先生，我有些話想跟您說……

別理我，沒看到我在緬懷愛因斯坦嗎？

不過，埃弗萊特自己挺得意，還千里給玻爾獻寶，希望得到量子力學「教主」的認可。

可彼時，愛因斯坦已經去世，思念成災的玻爾表示沒心情。

埃弗萊特**深受打擊**，一氣之下直接轉行不搞物理了。轉行後的埃弗萊特，創業搞起了軍火生意，和他完全看不起的官僚打交道。可他在意的，仍然是那個神秘的量子世界。

他一生都在堅持自己的觀點：

任何孤立系統都必須嚴格地按照薛定諤方程演化。為甚麼要給數學原理附加假設條件來解釋現實世界？數學原理難道不比現實世界更真實？

好在上帝聽到了苦孩子埃弗萊特內心的呼喚，20 世紀 80 年代，MWI 重新火了起來。但那時的他早已離世， 去往多重世界，追求詩和遠方了。

讓 **MWI** 火起來的是一群繼承了多宇宙思想的科學家。

他們在 MWI 基礎上發展出了一種新的解釋：**退相干。**

這種新解釋，就是第四種解釋，也是目前的主流解釋。它解釋了 MWI 中為何平行世界沒有在宏觀中顯示疊加態。通俗點來說，就是解釋了為甚麼我們感受不到另外一個平行世界。

退相干的理論研究者首先指出，不可能有同時又死又活的貓。

如果**貓是活的**，那一步步反推回去，毒氣瓶就沒有碎，放射性原子也沒有衰變，反之同理。

也就是说，如果貓不生死疊加，那放射性原子也是不疊加的，波函數早就坍縮了。

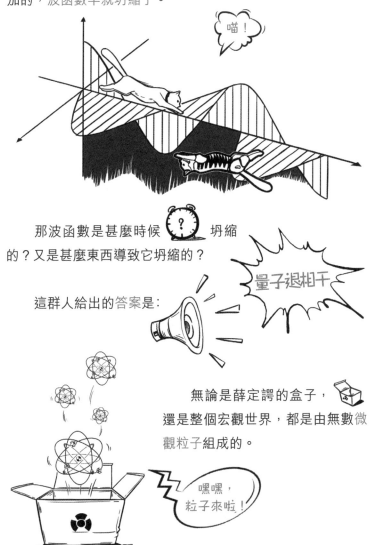

喵！

那波函數是甚麼時候坍縮的？又是甚麼東西導致它坍縮的？

這群人給出的答案是：

量子退相干

無論是薛定諤的盒子，還是整個宏觀世界，都是由無數微觀粒子組成的。

嘿嘿，粒子來啦！

它們的疊加性其實也是一種相干性。但量子的相干性會因外部環境的干涉而逐漸消失。簡單地說，就是其他粒子影響了盒子裏的放射性原子，最後變成宏觀性質了。

量子退相干是德國學者**漢斯**在 **1970** 年提出的。但和可憐的埃弗萊特一樣，當時並沒有多少人注意到它。直到 1984 年，**哈特爾**的關注才讓「退相干」理論正式發展壯大起來。

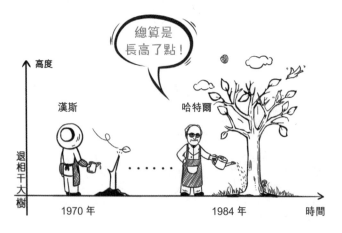

上帝的骰子
量子物理趣畫

哈特爾是加州理工學院的一名在讀博士生。

我可是站在巨人肩膀上的喲！

他的後台很強勢，師父是蓋爾曼（夸克之父），師伯是費曼。

這兩位大師，堪稱**加州理工**學院絕代雙驕。他們既是同伴又是競爭者，兩個人辦公室緊挨着。費曼總是時不時跑到隔壁，緊張兮兮地打探蓋爾曼有沒有背着他搞新研究。

讓我看看蓋老頭在幹嘛？

加州理工學院

*蓋爾曼：Murray Gell-Mann （1929-2019），美國物理學家。1960 年代他提出次原子粒子（中子和質子）是由「夸克」粒子組成，因此有「夸克之父」之稱。

1984 年，當哈特爾把格里菲斯的一篇「歷史」論文拿給老師看時，蓋爾曼一拍大腿：好寶貝！

如果把它同隔壁費曼那傢伙二十多年前創立的路徑積分掛上鈎，那貓就滿足於一種加強版的 MWI：

退相干歷史（Decoherence History, **簡稱 DH**）。

這種解釋，可比那些意識流強多了。費曼啊費曼，這一次我可沒有背着你偷偷用功。

退相干歷史

歷史是一個系統在一段時間內經歷的所有狀態變化。
量子態展示的是這個系統的內部包括所有粒子的可能變化狀態（精細歷史），觀測了之後的事件形成一個歷史事件（粗粒歷史）。

DH 認為在宇宙中世界只有一個，但歷史有很多個，分為粗粒歷史、精細歷史。

哼，這還差不多！

喏，帶你一起，可別説我不厚道了啊！

精細歷史是量子歷史，無法求解概率，**粗粒歷史**是經典歷史，在宏觀上顯示，類似於路徑積分，可以計算概率。

　　每一個粒子都處在所有精細歷史的疊加中，比如放射性原子。

　　但一旦涉及宏觀物體，我們所能觀察到的就是一些粗粒化的歷史，比如打開盒子後看到的貓。

因為量子退相干了，這些歷史永久地失去了聯繫 ，只剩一種被我們感知到。

最後，本該是無序糾纏的量子，就表現得如互相獨立的經典世界一樣。

本該是粒子疊加態的薛定諤實驗，打開盒子後，就只能看 👁 到一種狀態的貓（生／死）。

雖然退相干並不是十全十美，但無論是從數學上還是哲學上，它都讓三維世界的我們好受一點。

現在它已經成為量子力學的主流理論之一。不少科學家正利用它來建立真正的現實應用。量子計算與量子通訊就正在與退相干做鬥爭。

至此，為了解救那隻行走於陰陽兩界的貓，幾大相對成熟的解釋，全部**瓜熟蒂落**。在開國元勳玻爾去世多年後，量子國度又迎來了一次大豐收。

作為 20 世紀最風騷的科學，為了角逐出哪一種量子力學解釋最受歡迎，在上世紀最後一個年頭裏，劍橋牛頓研究所甚至舉辦了一場投票。其中——

哥本哈根解釋	4票
隱變量解釋	2票
MWI+DH	30票
其他（含棄權）	50票

而此時，定義量子糾纏、提出波函數方程的偉大科學家，風流的薛定諤已經長眠地下幾十年了。

但他的小貓咪，從 1935 年開始，在科學圈橫行了幾十年，還成了科學史上第一神獸。

如果薛定諤還活着，可能會對他的貓好一點吧！

上帝的骰子
量子物理趣畫

他本來想讓他的貓惡心哥本哈根學派，嘲諷一下量子力學。結果他到死也沒想到，他的貓竟然成了量子世界的鮎魚。

大概，這就叫「反派的勝利」吧！

⋯⋯有些人死了，卻仍然活着。

You are not alone.

只能说，薛定諤不愧是愛因斯坦的小弟，連給量子力學送助攻，都和愛因斯坦一模一樣。

隨着薛定諤的貓興風作浪幾十年，科學家也漸漸忽略了曾經愛因斯坦對玻爾的質疑。相反地，量子力學越來越**完備**，理論體系也越來越**豐富**。

發達了，回村看看去！

想當年，這小子……

不過，雖然量子力學打了一場又一場勝仗，但都不算是戰略性勝利，**質疑**的聲音一直沒有停止。

量子力學騙人！

我不信！

真討厭，就不能讓我好好睡個覺嗎？

玻爾

上帝的骰子
量子物理趣畫

愛因斯坦提出的 EPR 佯謬像不可攻破的堡壘。儘管在量子風暴中飽受摧殘，它的**定域實在論**仍然牢牢把守着經典世界的大門。

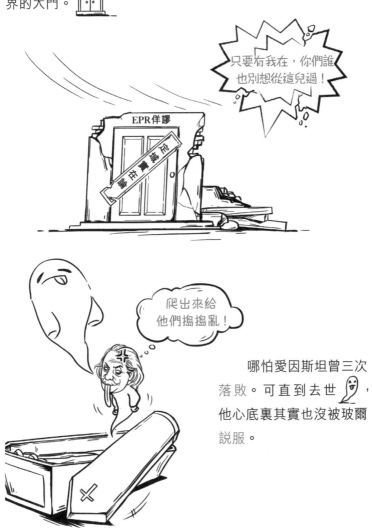

哪怕愛因斯坦曾三次落敗。可直到去世，他心底裏其實也沒被玻爾說服。

這兩個偉大科學家之間的較量，早就超越了個人之間的戰爭，是一場關於世界本質的**辯論**。

微觀世界到底符合定域實在論（經典），還是量子不確定性？最終一定要做一個～～～了斷。

一錘定音的戰役在 1964 年發動，**畢其功於一役**的時代來臨了。1964 年，愛因斯坦的信徒──貝爾重溫 EPR 佯謬。

把定域實在論轉化為另一種令所有科學家心服口服的語言。他提出了一個不等式──

這個不等式用超越了宇宙文明維度的數學語言鑄就而成,被稱為**「科學史上最深刻的發現」**。

既然在物理世界沒辦法決出高下,我們就轉戰到更本質的數學領域,用數學來判斷究竟誰對誰錯。

莫急莫急,裁判在這兒呢!

當⋯⋯一!錘!定!音!

這樣一份嚴謹、客觀的宇宙判決書,對量子力學、對微觀世界的命運作出了最後的審判。

決戰終於來臨，一場偉大的宇宙審判一觸即發。

最後的贏家是……

？

微觀世界的命運
最終會走向哪裏呢？

（小劇場・寵物醫院）

上帝的骰子
量子物理趣畫

量子寵物醫院

（完）

第六卷

貝爾不等式

20 世紀 60 年代，是量子力學史上一個

巨星隕落  的時代。

愛因斯坦逝去不久，薛定諤、泡利、玻爾相繼去世。
科學史上的黃金年代漸漸離人們遠去。

不過，微觀世界的真相究竟如何？愛因斯坦與玻爾到底誰是對的？

這個難題  留給了一批已經能挑大樑的新生代科學家，其中之一就是貝爾。

我可是要成為終結者的男人！

終結者貝爾

在貝爾上大學的時候，**量子大廈**的主體就已經大致完工。玻爾成了擁有無數追隨者 💕 的「教主」。自命不凡的貝爾遺憾沒有趕上科學史上的最好時代，錯過了與「黃金一代」正面對抗的機會。

你們不陪我玩，我只好玩你們咯！

一點都不好玩

好寂寞啊，你們都不在了

* 貝爾：John Stewart Bell（1928-1990），英國北愛爾蘭物理學家。

上帝的骰子
量子物理趣畫

作為**愛因斯坦**的追隨者，以及對玻爾眼紅的人，一心想着做出一番事業的他，整天琢磨着如何搶班奪權。

終於，在薛定諤的貓鬧得滿城風雨  時——1964 年，貝爾忍不住出手了：都走開，讓我來！

貝爾不喜歡量子力學聽上去主觀又唯心的一套。

他想要的是一個確定的、客觀的世界。可愛因斯坦這麼多年都沒能從玻爾那裏討得好處，區區貝爾，真的行嗎？

貝爾有自己隱藏的 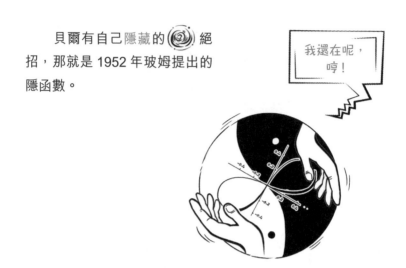 絕招，那就是 1952 年玻姆提出的隱函數。

我還在呢，哼！

當年薛定諤的貓鬧事，玻姆想用隱變量來哄貓，可貓沒哄成，他自己還被轟下了台。在新一代大神馮·諾伊曼的禁錮中，隱變量舉步維艱。

這中間說來話長，玻姆其實是想反駁馮，但沒能成功……

馮·諾伊曼這麼強嗎？

可貝爾堅持認為，隱變量是反擊哥本哈根學派的

「大殺器」。

　　相比較哥本哈根那玄乎的一套，貝爾更喜歡隱變量理論。因為雖然玻姆的隱變量拋棄了定域性，但它至少恢復了世界的實在性。只要他在這基礎上再證明一個**定域隱變量**的存在，就證明了量子力學的非定域性也是錯的。

吃我老貝一棒！

心動不如行動，
貝爾說幹就幹。他撸
起袖子，研究  起
了愛因斯坦的老實驗：
EPR 佯謬。

在 EPR 佯謬理論中，一個母粒子分裂成了兩個自旋方向相
反的子粒子 A 和 B。按照愛因斯坦一派關於隱變量的思想，兩個
子粒子 A 和 B，就像南北極的兩隻手套。不管你觀測不觀
測，它們是左手還是右手，從分開那時起就已經確定了。

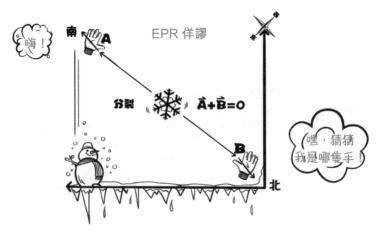

上帝的骰子
量子物理趣畫

既然宇宙中不存在超距作用，遠距離鬧鬼也不可能。

那麼，在觀測的一瞬間，兩個糾纏的粒子必然在經典世界存在某種極限。

這個如緊箍咒一般的極限，究竟是甚麼呢？

先將 A、B 兩個粒子放在一個三維空間 XYZ 中，如果 A 粒子在 X（Y/Z）方向上自旋為 +，B 粒子在 X（Y/Z）自旋必定為 -。

Ax	Ay	Az	Bx	By	Bz	出現概率
+	+	+	-	-	-	N_1
+	+		-	-	+	N_2
+	-			+		N_3
+						N_4
	+			-		N_5
	+		+			N_6
		+	+	+		N_7
				+		N_8

其中 $N_1 + N_2 + N_3 + \cdots + N_8 = 1$

再假設 **Pxy** 是粒子 A 在 x 方向上和粒子 B 在 y 方向上的相關性，**Pzy**、**Pxz** 同理，則可得出：

亢奮的貝爾埋頭埋腦於 A、B 粒子的糾纏中，最後他推導出一個數學公式：

|Pxz-Pzy|≤1+Pxy。

可別小看了這個長相普通的不等式，它是一個神奇寶貝， 對宇宙的本質做出了最後的裁決。

它意味着，如果我們的世界同時滿足：

1. 定域的，也就是沒有超光速信號的傳播

2. 實在的，也就是說，存在着一個獨立於我們觀察的外部世界。

那麼兩個具有相反自旋方向的粒子，它們的運動，必定受限於不等式。

|Pxz-Pzy|≤1+Pxy

哈哈哈，
你們別想跑！

簡單來說，就是── 如果微觀世界是經典的，那麼不等式成立。反之，則不成立。

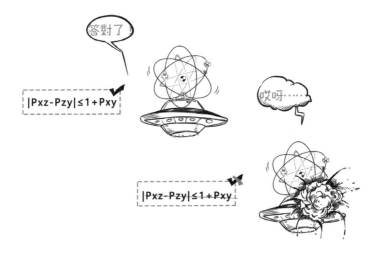

答對了

|Pxz-Pzy|≤1+Pxy

哎呀……

|Pxz-Pzy|≤1+Pxy

這個不等式的誕生，正式
宣告：

一場充滿哲學色彩的科學
爭論，徹底轉變為一場用數學
語言描繪的實驗。

這個由隱變量理論
推導出來的式子，不偏
不倚，簡潔大氣，任何
神秘玄乎的假象在數學
面前都要黯然失色。

它**打破了**一直以來
的僵局，隱變量重見天
日，一個定域又實
在的世界近在眼前。

這一切看起來都是那麼順理成章。完美、客觀的數學語言令全世界的科學家折服。

看到自己的不等式得到了一致的認可，貝爾開心 地跳起了愛爾蘭的踢踏舞——

通通見鬼去吧！

量子糾纏

反彈

不確定性！

上帝擲骰子

多年不死不休的「愛玻之爭」真的要結束了？

物理學家開始騷動起來，他們**按捺不住**，想要親身參與到大結局 中。

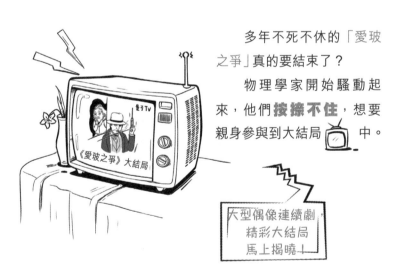

量子TV

《愛玻之爭》大結局

大型偶像連續劇，精彩大結局馬上揭曉！

在數學與好奇心的撩撥下，他們紛紛動手改造  起了
EPR 佯謬思想模型，做起了貝爾不等式實驗。

1972 年， 有
個叫克勞澤的小廝
成功實現了實驗。

這是**史上第
一個** 👉 驗證貝爾
不等式的實驗。

不過，結果讓貝爾魂飛天外——那兩個糾纏的粒子，竟然**突破了**貝爾不等式？？！

這意味着，真的存在鬼魅般  的量子糾纏？貝爾心心念念的微觀世界經典性竟然是錯的?!

一石激起千層浪，物理學界表示再一次受到了驚嚇，心臟不好的貝爾差點心臟病發。

可他已經無法阻止，越來越多追求真理的科學家投入貝爾不等式實驗大軍裏。

1982 年，在巴黎奧賽光學研究所， 又一場驚心動魄、萬眾矚目的實驗正在進行，這一次所有人都屏住了呼吸。

這次的實驗領導人是正在讀博士的阿斯派克特。不同於克勞澤的「幼稚版」裝置，阿斯派克特的技術非常成熟。

借助**激光**的強信號源，一對對光子從鈣原子中衝出，朝著偏振器奔去，它們關乎整個量子力學的命運。

在令人窒息的 24 個小時的等待後，結果 出來了：

5 個標準方差的偏離！

實驗再一次與貝爾想要的結果相反，玻爾是對的，愛因斯坦又一次輸了！

一瞬間，所有人都愣住了。

信奉量子力學的科學家欣喜若狂，愛因斯坦的追隨者們心如死灰。

世界再也不可能回到那個美好的經典時代了。

數學是物理學的基石，貝爾不等式用嚴謹的數學手段覆滅  了整個愛因斯坦軍團，EPR實驗最終成了「EPR佯謬」。

蒼天哪，全世界
都説我們是假的——

這下要完蛋了……

我們活着還有意思嗎……

　　數學的「降維打擊」助力量子力學取得了勝利。在克勞澤和阿斯派克特之後，還有一大批追求完美的科學家也進行了實驗。

從 **5** 倍偏差，**到 9** 倍偏差，
再到 **30** 倍偏差

......

模型越來越完備，技術越來越精密，都證明了玻爾是對的。

多年「愛玻之爭」終於在 **『宇宙判決書』**，貝爾不等式中畫上了句號。

不管你信不信，微觀世界就是這樣運行的。

貝爾不等式給玻爾的信徒們吃下了**定心丸** 。量子力學的追隨者開始分成兩批繼續探索。

一批是勤耕不輟的**理論派**。

對於這群科學家來說，量子力學是神秘的女神。

他們一直試圖深入微觀世界，甚至想統一整個宇宙。

上帝的骰子
量子物理趣畫

這樣一個宏偉目標，遠非一日之功。

為了達成這個長期目標，理論派把宇宙劃分為 4 種力：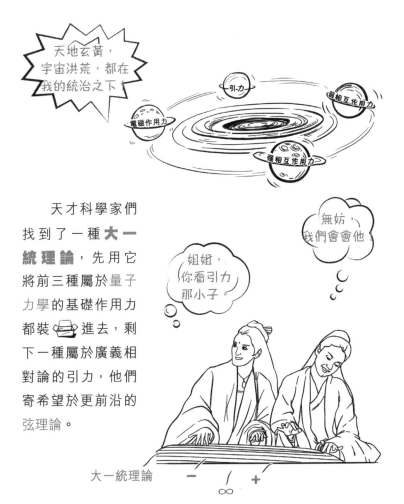 电磁作用力、强相互作用力、弱相互作用力、引力。通過這 4 種力，一切物理現象都可以得到解釋。

天地玄黃，宇宙洪荒，都在我的統治之下！

引力

弱相互作用力

電磁作用力

強相互作用力

天才科學家們找到了一種**大一統理論**，先用它將前三種屬於量子力學的基礎作用力都裝進去，剩下一種屬於廣義相對論的引力，他們寄希望於更前沿的弦理論。

無妨，我們會會他

姐姐，你看引力那小子

大一統理論

$-$ $/$ $+$

∞

弦理論認為，自然界的基本單元不是傳統意義上的點狀粒子。而是很小很小的橡皮筋一樣的線狀「弦」。當我們用不同的方式彈橡皮筋，它就會振動，產生自然界中的各種粒子，可能是電子、光子，也可能是引力子。

這樣，引力就有望被微觀量子化描述，和前三種力統一在一起。微觀（量子力學）和宏觀（廣義相對論）也就有望統一了。

理論派科學家們對弦理論抱了很大的期待。無奈引力這塊硬骨頭  實在太難啃了。無論是超弦還是 M 理論，都還處於剛剛起步的階段，目前還是沒能拿下它。

啖不動？

科學家們不知道量子力學最後的歸宿會在哪兒，但他們誰都不會停下探索的腳步。 他們最大的夢想，是有一天能有一個**萬能理論**，解釋宇宙萬物。

臣服在我的光芒裏吧！

除了有着遠大抱負的理論派外，另外一批量子力學的追求者是**實踐派**。這是一群實用主義者，他們挖掘出  一項又一項偉大的量子應用。

因為量子力學天生的神秘莫測，它一直讓很多人琢磨不透，在現實世界存在很大爭議。

事實上它並沒有那麼虛無縹緲，它是史上最有用的理論，一直老老實實地給全人類**打工**。

在實踐派的埋頭苦幹中，量子力學已經成為現代科學的基石。

從 **分子生物** 到 **化學材料** ，

從 **原子** 到 **核能** ，

從 **工藝** 到 **軍事** ，

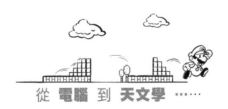

從 **電腦** 到 **天文學** ……

沒有它，我們就不會有 CD、DVD、藍光影碟播放器；

沒有它，也不會有晶體管、智能手機、電腦、衛星導航；

沒有它，更不會有激光、電子顯微鏡、原子鐘、核磁共振顯示裝置⋯⋯

保守估計，現代工業體系 70% 與量子力學有關。發達國家超過 1/3 的國內生產總值與量子力學有關。

你雖然看不到 👁 它們，但量子與你同在，這些應用就發生在你的身邊。

上帝的骰子
量子物理趣畫

這些應用改變了整個世界，也是量子力學之所以被全人類認可的最可靠的事實依據。

科學理論正確與否，落地應用是最強有力的證明。

科學有自己的認知標準，不能直接由人類的主觀感受來進行認定。雖然量子力學與人類直覺衝突劇烈，可一旦它得到了驗證並被廣泛應用，我們就有責任將它視為可靠的真理繼承下來。日心說如此，相對論如此，量子力學更是如此。

可以說，沒有它們就沒有信息革命，沒有它們，我們甚至看不到現在這本漫畫。

有了量子力學，人類便進入了一個新時代。

這些改變世界的應用都有哪些呢？

上帝的骰子
量子物理趣畫

（小劇場・粉絲見面會）

（完）

第七卷

量子力學的應用

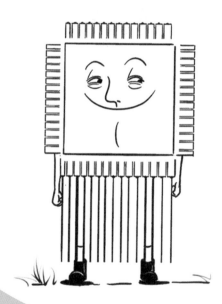

半導體 (Semiconductor)

　　你將我捧在手心,卻不知道我是誰。我的名字叫**半導體**,就躲在你的手機裏。

　　有人説我性格高冷,讓人琢磨不透。可這不能全怪我。當你天天與量子力學的隧穿效應,量子霍爾效應、光電效應打交道時,你也一樣會讓全世界敬而遠之。

但其實，我性情平和。

每一次你捧着手機低頭的瞬間，都有我的身影。

手機裏最核心的**芯片**，就是用我做出來的。

我有一個大哥，叫導體。

還有一個弟弟，叫絕緣體。

哥哥有多動症，身上帶有大量的自由電荷。

它們受原子核的束縛力很小，因此哥哥非常容易導電。

弟弟笨拙不容易導電，電荷幾乎都束縛在原子範圍之內。

我是家中老二 ✌，屬於最不需要操心的那一個。

因為量子力學的**能帶理論**賦予了我超能力。

也就是說，我介於哥哥和弟弟之間，可以輕鬆切換帶電狀態。

這種特殊性使得我的生存能力很強。我是最受人們歡迎的，也是家裏最有錢的。

不僅是手機，幾乎所有跟電子設備、互聯網掛鈎的產業，都和我有着密不可分的聯繫。

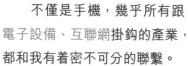

我最常見的形式是矽。它的商業價值特別高。

矽谷最早就是研究和生產以矽為基礎的半導體芯片的地方，並因此得名。

上帝的骰子
量子物理趣畫

無數電子元件屬於我的家族，比如二極管、三極管、集成電路、激光器、電腦、電荷耦合器件……

　　我是衡量一個國家信息化的重要標誌，擁有超能力的我，是電子時代最好的代言人！

二極管（Diode）

我是二極管，是電路中的一名「交警」，專門指揮電流單向行駛。

我有兩個管腳，一個正極╬一個負極╾。正向邊通、反向截止，在我的手中，電荷只能由正極流向負極。這就是我在電路中最主要的職責。

我屬於一種電子元件，最普遍的原材料是矽或鍺。因此我也屬於半導體家族。量子力學為我們整個家族注入了靈魂。通過量子躍遷，穿越不可滲透的障礙物。這就是我的工作總則。

我的家族勢力特別龐大。有普通二極管，家裏電視機等的開關  裏就有着它；有專門用來整流的二極管，比如手機、電腦的充電器；還有檢波二極管、穩壓二極管、光敏二極管等。

最常見的一種是發光二極管。你肯定
見過，因為我們還有一個名字：**LED**。
我們會施魔法， 可以把電能
轉變為光能。

比如街頭的紅綠燈，我們盤
縮在信號燈裏，告訴行人注意安
全。

宏偉的大劇院、演唱會舞台，
我們從四面八方照亮你們的偶像，
聽着你們的尖叫。

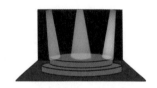

更別説路邊的各種燈飾，五
彩斑斕，映襯得整座城市格外好
看……

晶體管（Transistor）

我叫**晶體管**，是一位
三條腿的魔術師，被譽為
20 世紀最重要的發明。

1947 年，在貝爾實驗室，蕭克利、巴丁和布萊登準備在
聖誕節前夕搞個大動作，最後把我作為一個驚喜聖誕大禮包
送給了全世界。

　　人類對他們的禮物很滿意。還把最高榮譽——諾貝爾物理學獎頒給了他們。

　　我是用半導體做出來的一種三個支點的電子元件。繼承了半導體雙重性的我，可以在導電與不導電之間切換，就像一個開關。◙

我還可以放大電流，把微弱的電子信號擴大得更清晰。

把很多個我集中組合在一起，就可以存儲和傳遞信息。集成電路（芯片） 就是這樣做出來的。

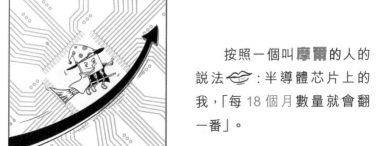

按照一個叫**摩爾**的人的說法 ：半導體芯片上的我，「每 18 個月數量就會翻一番」。

單位芯片上，我的體積越來越小，數量越來越多。一部智能手機  大約就裝着 20 億個我。最小的我在 10 納米以下，也就是 1 米的一億分之一。

別説放大鏡，顯微鏡在我面前也是個近視眼！

我對**電腦**的發展有着十分重要的意義。以前的電腦又笨又重，像一座房子 那麼大。但有了我之後，電腦不僅變得輕薄小巧，連運算速度也大幅提升。

瞧你那瘦弱樣能幹嗎？

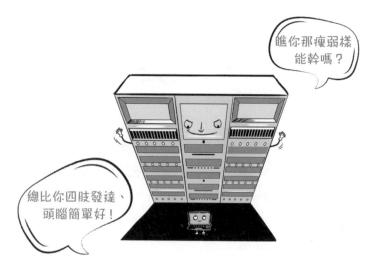

總比你四肢發達、頭腦簡單好！

當然，我的應用遠遠不止這些！我可是電子技術發展史上的**里程碑**，開啟了人類的信息時代。

🔬 激光（Laser）

我是你們的熟悉的——激光。

早在 1917 年，愛因斯坦就在原子熱平衡相關的 **A 系數** 與 **B 系數** 的研究中發現了我的蛛絲馬跡：

一個光子對原子使用激將法，受激原子會發出一個一模一樣的光子。

這些光子像玻色子一樣，聚集在同樣的能量狀態下。又像滾雪球  一樣越滾越大，最後集中到一起成了一束穩定的光。那就是我的真身。

這麼大雪球？很疼的。

嗳嗳嗳，人家很虛弱的！

1960 年 5 月，剛出生的我很微弱，只是一束波長為 0.6943 微米的紅光。

現在的我，是個男女老少通吃的小可愛。樓下的爺爺，一大早就在超市掃着條形碼買菜付錢；二樓那個姑娘，自從祛疤後追她的小夥子立馬多了不少……

我是光家族中**最亮的光**，如果集中朝一個方向發光，可以灼傷人的眼睛。

但是不要因此害怕我。正確使用下，我還可以用來治療青光眼、近視眼。

我還是世界上「**最快的刀**」，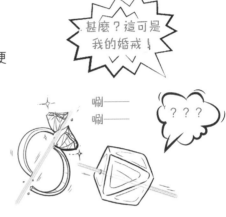擁有宇宙最快的 30 萬千米 / 秒的第一速度。

即使是天然界中最堅硬的物質——鑽石，只要我出馬，照樣可以瞬間打幾個孔出來。

我也是大自然中「**最準的尺**」，準直性非常好。用我測出來的距離非常準確，誤差僅僅是其他光學測距儀的五分之一，甚至數百分之一。

地球與月球距離就是用我測出來的。

雖然只是一束**人造光**，可我卻是 20 世紀最偉大的發明之一，開啟了光通訊時代的大門。

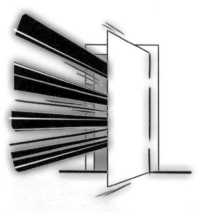

原子鐘（Atomic Clock）

我是原子鐘，是時間的魔盒。

嗨！

人人都知道，一寸光陰一寸金，一天有 24 個小時，1 個小時等於 60 分鐘，1 分鐘等於 60 秒。可 1 秒究竟是多長呢？

......

99997，99998，99999......

從 1967 年開始，1 秒被定義為：一個銫（Cs）原子躍遷振盪 **9192631770** 次所耗費的時間。這個時間的定義，就是以我為基礎的。

我們背後的量子原理，源於麥克斯韋和開爾文的一個觀點：

耶，搞定！

原子和分子間的能級躍遷具有恆定的頻率特性，可以作為頻率基準。

小衛星，我來太空陪你了！

迄今為止，計時最精確的原子鐘當屬銫原子鐘。

GPS衛星系統 最終採用的就是銫原子鐘。

好兄弟，夠意思！

我們在全球範圍內廣播時鐘信號。

在強大的 GPS（全球定位系統）下，只要有一部智能手機，你就可以輕鬆確定自己的時間和地點。**不確定度**低於 100 納秒，也就是千萬分之一秒。

作為計時精度超高的時間頻率標準源，我可以稱得上是宇宙間的**勞力士**。一旦我失效，天文學、地理學、軍事國防學等一眾科學家都將陷入一團亂麻。

沒了我，你們就等着睡大覺吧！

普通人可能覺得我並沒有甚麼用，這種精確得好像**強迫症一般**的時間沒有必要。

可將視野放得長遠些，宇宙也不過是一部時間簡史。精度就是生命，一個小小的誤差都有可能導致宇宙的覆滅。

電荷耦合器件（CCD）

顧城說：「黑夜給了我黑色的眼睛，我卻用它尋找光明。」而科學卻給了你們另一雙眼睛——那就是我。

今天，我就要與這個**文藝青年**一決高下。

我叫電荷耦合器件（charge-coupled device，簡稱CCD）。你也可以叫我圖像傳感器 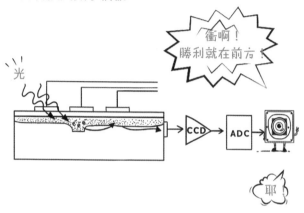。

簡單來說，我是一種半導體裝置，能夠把光線轉變為電荷，通過模數轉換器（analog-to-digital converter，簡稱ADC）芯片轉換成數字信號。

光電效應使得光子激發釋放出電荷信號。e^{-}

我的作用就是把電荷儲存並耦合轉移，再把它們變成一張張清晰的圖像。

上帝的骰子
量子物理趣畫

我和菲林有點像，但菲林是底片感光，我則是數碼成像。

那些植入我體內的微小光敏物質就是你們常說的像素（pixel）。

像素數越多，畫面分辨率也就越高。

要知道，一部數碼相機  的「菲林」上，足足裝有數百萬個我。

你們這麼爛的像素還想和我比？

1969 年，博伊爾和史密斯發現了我。事實證明，他們真有眼光。

2009 年，他們兩人因為我獲得了諾貝爾物理學獎。

趕緊合影紀念一下。

好！

我可以在眾多領域大顯身手。漂亮姑娘喜歡用我來拍照；天文學家用我遙望太空，探測宇宙生命成因的哈勃望遠鏡，就有我的身影；還有穿白袍的醫生，他們把我用作醫用顯微內窺鏡，實現人體顯微手術。

在我這雙眼睛下，一切事物都變得更加清晰。

人類開始一點點洞悉世界的奧秘與美好。宇宙的光彩盡在我的眼中。

上帝的骰子
量子物理趣畫

磁共振成像（MRI）

世界上的原子，大多數都有着這樣一種特性：原子核自旋不為 0。不僅如此，它們還按一定頻率繞着自己的軸不停地旋轉，產生了一個磁場。

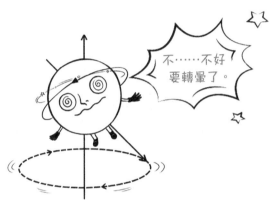

人體內數量最多的一種物質——氫原子，同樣有這種特性。

給氫原子施加一種特定的電磁波脈衝，它們就可以實現**核磁共振**，激發出電磁波的共振吸收信號。

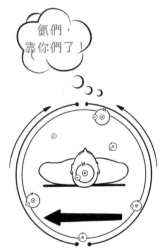

不同病理狀態下的氫原子有不同的共振現象。我就是負責彙報這些現象的，也就是**磁共振成像**（MRI）。

我第一次掃描出人體圖像是在 1978 年，2003 年，由於我在臨床醫學領域的成功應用，諾貝爾醫學獎委員會直接通知了勞特布爾和曼斯菲爾德，於是，他們分享了諾貝爾生理學或醫學獎。

上帝的骰子
量子物理趣畫

在所有的影像設備中，段位最高的就是我了。

我的基本招式是 **『平掃』**，它可以診斷出大部份腫瘤。我還有一個獨門絕技 **『瀰散』**，全身瀰散可以對整個人體進行篩查，揪出那些漏網之魚。

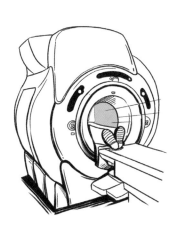

現在的我，技術已經非常成熟。不僅對於癌症治療有着不可替代的優勢。在神經系統、胸腹、五官、盆腔等也都有着廣泛應用。

有了我的**幫助**，醫生就可以更準確地為病人診斷。任何病魔都休想輕易從我眼前溜走。

🔋 量子電腦（Quantum Computer） 〜

　　我是量子電腦。1982 年，**費曼先生**第一次提出💡用我來模擬量子現象。不過，很多人並未見過我。因為我還沒有真正誕生。

　　經典電腦💻是我的前輩。與前輩比起來，我有一個天然的優勢：**並行計算**。

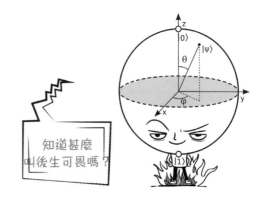

經典電腦由晶體管組成，一個開關電路的信號可以轉換為一個經典比特。但我和前輩不一樣，我的**量子比特**處於疊加態。就像當年薛定諤的那隻貓，既生又死，生死疊加。

我不生不滅，不行嗎？

小野貓，你又來了啊！

我的運算能力遠遠超過了前輩。在人工智能、密碼學、基因檢測等許多領域，我都可以大放異彩。還有複雜的金融模型、天氣模擬……我處理起來也都不是事。

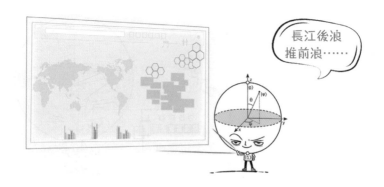

長江後浪推前浪……

不過，雖然我的運算能力很強，想要製造我卻並不容易。因為量子太容易退相干了。以現有的科學能力，人類只能處理 10 個量子糾纏對 。

哎呀！風太大，我控制不住啦！

現在的我，還沒到商業化的階段。一旦人類能控制 50 **量子比特**了，那就是我與大家見面的時候。這一天**不會太久**了，等我呀！

終於快生了好緊張……

待產中

🦴 量子通訊 〜

　　在宇宙的盡頭，有一對幽靈兄弟 👻👻，他們分別落在宇宙的兩端。這對兄弟心有靈犀，相生相反，當哥哥朝左走時，弟弟一定是朝右的。這種鬼魅般的瞬時聯繫，叫作**量子糾纏**。

我叫量子通訊，誕生
於量子糾纏態理論。

我和幽靈兄弟主要從事保密工作，把信息安全地從一個
地方傳到另一個地方。

具體工作內容有兩個：**加密和傳輸**。專業術語叫作
「量子密鑰分配」和「量子隱形傳態」。

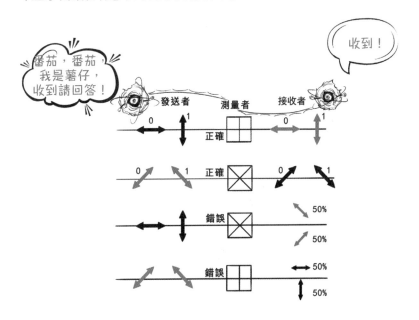

傳統的通訊方式，如電纜光纖、無線電，都有可能被竊聽者 🕪 盜取。

可我就不一樣了！根據量子不可克隆原理，一旦誰複製（竊聽）了我，傲嬌的我會立馬『一觸即焚』📖。誰也別想破解我，誰也別想從我這兒竊聽又不被發現。

幽靈兄弟具有**跨越空間**的能力，無論雙方相距多遠，測量其中一個的狀態就能獲得另一個的狀態，這樣就可以不受光速限制，實現隱形傳輸了。

總之，在通訊方面我是絕對高效又安全的。雖然總有人說破解了我，但我一般都懶得辯解。

2016 年，世界首顆量子科學實驗衛星**「墨子號」**在甘肅酒泉發射。當時，全世界都震驚了。中國也就因此成了第一個實現衛星和地面量子通訊的國家。此處應有掌聲！

上帝的骰子
量子物理趣畫

附　錄

人物簡介

艾薩克・牛頓（Isaac Newton，1643.1—1727.3）

　　著有《自然哲學之數學原理》，提出萬有引力、牛頓三大運動定律，憑藉經典力學一舉建成了宏觀物理大廈，被譽為「近代物理學之父」。

開爾文勳爵（Lord Kelvin，1824.6—1907.12）

［本名：威廉・湯姆遜（William Thomson）］

　　熱力學之父，絕對溫標的發明人，提出的兩朵烏雲之説，催生了 20 世紀現代物理學的兩大支柱—相對論和量子力學。

羅伯特・胡克（Robert Hooke，1635.7—1703.3）

　　牛頓的死對頭之一，擅長將理論用於實踐，顯微鏡、望遠鏡等儀器皆由胡克發明，被譽為英國的「雙眼和雙手」。

克里斯蒂安・惠更斯

（Christiaan Huygens，1629.4—1695.7）

　　光的波動學説的創始人，近代自然科學的重要開拓者之一，建立了向心力定律，並提出動量守恆原理。

托馬斯・楊（Thomas Young，1773—1829）

　　罕見的全能型學者，其著名的楊氏雙縫干涉實驗，為光的波動説奠定了基礎。

詹姆斯·克拉克·麥克斯韋

（James Clerk Maxwell，1831.6—1879.11）

　　經典電動力學的創始人，集電磁學之大成，以麥克斯韋方程組一統光電磁，完成了科學史上第二次偉大的綜合統一。

海因里希·魯道夫·赫茲

（Heinrich Rudolf Hertz，1857.2—1894.1）

　　1888 年首先用實驗證實了電磁波的存在，頻率的國際單位制單位赫茲以他的名字命名。

馬克斯·普朗克（Max Planck，1858.4—1947.10）

　　量子力學之父，以一篇黑體輻射論文宣告了量子理論的誕生，以他命名的常數 h 是物理學中最重要的三個普適常數之一。

阿爾伯特·愛因斯坦

（Albert Einstein，1879.3—1955.4）

　　提出光量子假說，解決了光電效應問題，並創立相對論，其對哥本哈根學派詮釋的質疑推動了量子力學的巨大發展。

路易‧維克多‧德布羅意

(Louis Victor de Broglie，1892.8—1987.3)

　　物質波理論的創立者，發現了「波粒二象性」，是量子力學的奠基人之一。

尼爾斯‧玻爾（Niels Bohr，1885.10—1962.11）

　　哥本哈根學派的創始人。提出的「原子模型三部曲」是物理學經典之作，互補原理成為量子力學的基石之一。

馬克斯‧玻恩 Max Born，（1882.12—1970.1）

　　哥本哈根學派二把手，其對波函數的概率解釋成為量子力學的基石之一。

埃爾溫‧薛定諤

(Erwin Schrödinger，1887.8—1961.1)

　　波動力學的創始人，提出了著名的「薛定諤的貓」思想實驗，著有《生命是甚麼》一書，把量子化帶入生物界，留下了「生命以負熵為生」的重要概念。

沃納‧卡爾‧海森伯

(Werner Karl Heisenberg，1901.12—1976.2)

　　量子力學的主要創始人，提出的「不確定性原理」「矩陣力學」為量子力學作出了巨大貢獻。

沃爾夫岡 · 泡利

（Wolfgang Pauli，1900.4—1958.12）

　　號稱「上帝之鞭」，泡利不相容原理為原子物理的發展奠定了重要基礎。

保羅 · 狄拉克（Paul Dirac，1902.8—1984.10）

　　量子力學奠基者之一，預言了反物質的存在，並成功開創了量子電動力學。

戴維 · 玻姆（David Bohm，1917.12—1992.10）

　　提出了隱函數，以反潮流的大無畏精神和嚴謹求實的科學態度，對玻爾創立的量子力學正統觀點提出了挑戰，致力於量子理論的新解釋。

休 · 埃弗萊特

（Hugh Everett III，1930.11—1982.7）

　　平行世界理論之父。其創立的多世界理論，打破了理論物理學在解釋量子力學原理方面的僵局。

默里 · 蓋爾曼

（Murray Gell-Mann，1929.9—2019.5）

　　夸克之父，提出了質子和中子是由三個夸克組成，是高能物理理論領域的巨人。

理查德．菲利普斯．費曼

（Richard Phillips Feynman，1918.5—1988.2）

　　物理學白銀時代三巨頭之一，提出了費曼圖、費曼規則和重正化的計算方法，是第一個提出納米概念的人。

約翰．斯圖爾特．貝爾

（John Stewart Bell，1928—1990）

　　隱變量理論的支持者，提出的貝爾不等式為微觀世界做出了終極審判，被稱為「科學史上最深刻的發現之一」。

威廉．肖克利

（William Shockley，1910—1989）

　　晶體管之父，因對半導體的研究和晶體管效應的發現，與巴丁和布萊登分享了 1956 年諾貝爾物理學獎。

戈登．摩爾（Gordon Moore，1929.1—　）

　　英特爾公司的創始人之一，提出了著名的摩爾定律，該定律揭示了信息技術進步的速度。

www.cosmosbooks.com.hk

書　　名	上帝的骰子：量子物理趣畫	
作　　者	羅金海	
審　　校	張軒中	
編　　輯	祁　思	
美術編輯	郭志民	
出　　版	天地圖書有限公司	
	香港黃竹坑道46號	
	新興工業大廈11樓（總寫字樓）	
	電話：2528 3671 傳真：2865 2609	
	香港灣仔莊士敦道30號地庫／1樓（門市部）	
	電話：2865 0708 傳真：2861 1541	
印　　刷	亨泰印刷有限公司	
	柴灣利眾街德景工業大廈10字樓	
	電話：2896 3687　傳真：2558 1902	
發　　行	香港聯合書刊物流有限公司	
	香港新界大埔汀麗路36號中華商務印刷大廈3字樓	
	電話：2150 2100 傳真：2407 3062	
出版日期	2020年7月 初版·香港	

ISBN 978-988-8548-88-0

本書中文繁體版由深圳原創基地網絡科技有限公司
通過中信出版集團股份有限公司授權
天地圖書有限公司在香港、澳門獨家出版發行。